부산대학교
최고의 과학자들이 내딛는

과학적 대중화의
가치있는 첫 걸음

부산대학교 교양총서

알짜배기 자연과학 1

gene

이동성유전인자의 신비한 세계

김희수 지음

부산대학교출판문화원

서문

인간의 행동, 생김새, 모양을 표현하는데 얼마나 많은 유전자들이 관여할까? 단지 유전체의 1%만 엑손유전자로서 작동하고 있다. 인트론유전자는 24%를 차지한다. 나머지는 반복서열 및 이동성유전인자로 구성되어 있다. 유전체의 절반을 차지하고 있는 이동성유전인자는 유전체 내에서 스스로 이동할 수 있는 특징을 가진다. 알짜배기 자연과학 - 이동성유전인자의 신비한 세계에서는 이동성유전인자에 숨어있는 다양한 재미있는 이야기를 엑손 및 인트론 유전자와 함께 알기 쉽게 풀어나간다.

핵심적인 내용은 엑손과 인트론 유전자, 인트론의 기능, 이동성유전인자의 구성 인자 및 생물학적인 기능, 인간의 질병과 상관관계, 새로운 유전자의 탄생 및 표현형의 변화, 유전자 발현 조절인자인 프로모터, 인핸서, 마이크로RNA와의 연관성 등에 대해 집중적으로 기술하고 있어, 생명에 대한 최신 정보를 폭 넓게 인식하여 교양 지식이 풍성해지도록 구성하였다.

세포 속에서 일어나는 이동성유전인자의 재미있는 세계를 이해함으로서 인생살이의 원리와 함께 비교하여 생각해 볼 수 있다면 자신의 삶을 더 가치 있게 살 것이라 여겨진다. 유전자의 돌연변이가 일어나서 유전정보가 바뀌면 새로운 기회를 얻게 된다. 진화하는 것이다. 진화를 활성화함에는 유전자 중복이 근원인데, 중복된 복사의 수는 적당해야 한다. 유전자의 복사 수에 따라 다양한 표현형이 나타난다. 또한 유전자가 어떤 자리에 있느냐에 따라 그 유전자의 생물학적 기능이 달라진다. 즉, 핵 내의 유전자와 함께하는 다양한 DNA는 진화과정에서 만들어진 것으로 주요한 의미와 가치가 있음을 시사한다.

유전자 변이가 없으면서 유전자 기능의 변화를 가져오는 시토신 염기의 메틸화 현상은 다양한 생물종 보존과 진화적인 관점에서 중요한 후성유전학 분야이다. 인간을 포함한 포유류의 유전체에서 DNA메틸화 현상은 유전자의 표현형을 변화시킨다. CpG섬 시토신의 메틸화 현상 및 이동성유전인자가 만들어내는 miRNA는 이동성유전인자가 마음대로 전사되는 것을 막아주며, 유전체의 안정성에 기여한다. 따라서, 본 교재에서는 이동성유전인자와 관련된 다양한 이야기를 재미있게 비쥬얼하게 펼쳐 새로운 세계에 대한 무궁무진하고도 흥미진진한 세상을 함께 공유하고자 하였다.

목 차

1

유전자는 DNA로 구성

유전자는 어떻게 생겼으며, 무엇으로 만들어졌는가? DNA는 무엇인가? 많은 궁금증이 뇌리를 스쳐지나간다. 유전자는 부모가 자식에게 특성을 물려주는 현상으로서 형질을 만들어 내는 인자로서 유전정보의 단위인데 그 실체는 생물개체의 세포 속 염색체를 구성하는 DNA이다. 유전자는 DNA를 복제함으로서 다음 세대로 이어진다. 유전자가 단백질인지 핵산인지 궁금하기도 한다. 오래 전에는 단백질이 유전물질이 아닌가라고 추정하였지만, 1928년 그리피스가 폐렴쌍규균을 이용한 형질전환 실험을 하여 DNA가 유전자를 구성하는 물질임을 인식하였다. 1952년 허쉬와 체이스의 박테리오파지 실험에서 유전자의 본체가 핵산 DNA라는 사실이 확정할 수 있었다. 이후 1953년 왓슨과 크릭이 DNA의 이중나선 구조를 밝히게 되었다.

핵산은 DNA와 RNA라는 두가지 유형이 있는데, 유전정보의 저장, 전달 및 발현을 돕는 기능을 담당한다. DNA와 RNA의 핵산 기본 단위는 뉴클레오티드인데 당-인산의 골격과 질소를 함유하는 염기로 구성되어 있다. 염기는 아데닌(A)이나 구아닌(G)처럼 이중 고리로 된 질소를 함유하는 퓨린과 티민(T), 시토신(C), 우라실(U)같은 단일 고리로 된 질소를 함유하는 피리미딘으로 구분된다. DNA와 RNA의 차이점은 디옥시리보오스 당과 리보오스 당이며, DNA는 아데닌, 구아닌, 시토신, 티민의 염기로 구성되어져 있지만, RNA는 티민을 대신해 우라실을 가지고 있다. DNA는 열에도 강하며 안정적이지만, RNA는 그렇지 못하여 유전정보의 저장고로서는 부족하다. 따라서 생명의 진화과정에서 다양한 생물종들은 유전정보의 저장고로서 DNA를 선택하였다.

유전자는 DNA로 구성되며 자손에게로 전달되는데, 우리 몸을 이루는 세포의 세포핵 속에 23쌍의 염색체 형태로 저장되어 있다. DNA는 이중나선으로 두 개의 폴리뉴클레오티드 사슬이 역팽행이며, 상호 염기들은 수소결합을 하는데, 아데닌은 티민과 쌍을 이루고 구아닌은 시토신과 쌍을 이룬다. 퓨린은 항상 피리미딘과 상보적으로 결합하기 때문에 DNA의 이중나선 구조는 일정한 폭을 유지할 수 있다. 세포에서 유전정보의 흐름은 항상 DNA에서 RNA로의 일방성은 아니다. 레트로바이러스의 경우는 한 가닥의 RNA분자를 가지고 있는데, 역전사효소에 의한 한 가닥의 DNA가 만들어지고 이어서 이중가닥의 DNA로 전환된다. 따라서, DNA의 세계가 존재하며 RNA의 세계도 독립적으로 존재한다는 것이다. 세포성 유전자 DNA경우는 전사에 의해 mRNA를 만들며, 이러한 mRNA를 주형으로 하여 최종산물인 단백질을 만든다(그림 1).

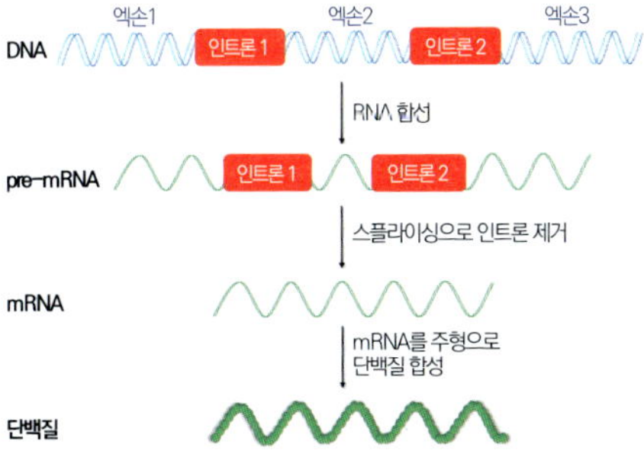

그림 1. 유전자는 DNA로 구성되며, 엑손과 인트론으로 이중나선으로 이루어져 있다. mRNA를 주형으로 단백질이 만들어진다. 엑손은 전사되고 번역되어 단백질을 생산하지만, 인트론은 최종 전사물이 만들어지는 과정에서 스플라이싱(splicing)되어 제거된다. 스플라이싱은 RNA전구체를 수정하여 성숙한 mRNA(엑손으로만 존재)로 전사시키는 것을 의미한다. 수정하는 단계에서 단백질은 합성할 수 없는 인트론이라는 비발현부분을 제거하게 된다. 즉, RNA전구체(pre-mRNA)에서 유전정보를 포함하여 단백질 합성에 필요한 부분인 엑손 부분만을 결합하는 것을 스플라이싱이라고 한다.

단백질의 형태를 결정하는데 주요한 폴리펩티드의 일차 구조인 아미노산 서열은 유전자에 의해 설계되어 있다. 이러한 유전자는 바로 DNA라는 핵산에 의해 구성된다. DNA의 유전자 정보는 전사과정에 의해 RNA라는 핵산으로 전환되어 단백질 합성공장인 리보솜과 운반RNA의 기능에 의해 단백질의 아미노산 서열로 번역된다. DNA는 다양한 단백질과 결합하여 접히거나 구부러짐으로서 3차원 구조를 형성하기도 한다. DNA와 RNA는 생명체가 유전자정보를 다음 세대에 전달하는 역할을 한다. 특히 DNA는 자신의 복제에 필요한 모든 정보를 제공하며, RNA합성도 체크함으로서 단백질 합성도 조절한다. 이러한 전체적인 과정을 유전자 발현이라고 한다. 하나의 긴 DNA분자는 많은 유전자를 내포하고 있다. DNA구조에 담겨진 유전자 염기서열의 정보에 따라 세포 활성화가 이루어진다. 즉, DNA에 담긴 유전자정보에 근거하여 지시대로 순차적으로 만들어진 단백질들이 세포 기능을 담당하게 된다. DNA 또는 mRNA중합체 속의 염기서열은 각 개별 유전자마다 고유하며 특별한 유전자정보를 제공한다. 세포 내 유전자에는 4개의 염기가 특별한 순서로 배열된 서열 안에 암호화되어 있다.

유전자는 DNA의 네가지 염기성분 아데닌, 구아닌, 티민, 시토신의 배열 순서에 따라 유전 정보를 저장한다. 유전자의 모든 영역이 유전 정보를 담고 있는 것은 아니다. A, T, G, C가 체계적으로 나열되어 있어야 의미를 가지게 된다. 따라서, 염기서열들이 체계적으로 나열되어 유의미한 정보를 담고 있는 유전자 영역을 엑손(exon)이라 하고, 그렇지 않고 유의미한 정보가 없는 유전자 영역을 인트론(intron)이라고 한다(그림 2). 대부분의 진핵생물의 유전자에는 인트론이 존재하며, 복잡한 생물 개체일수록 인트론의 수가 많아진다. 종에 따라서 인트론의 수는 다르며 유전자가 유사하더라도 유전자마다 인트론의 수는 매우 다양하다. 유전자마다 평균 인트론의 수는 초파리 3개, 꼬마선충 5개, 인간은 7

개이다. 인트론의 길이는 다양하며 평균적으로 엑손보다 긴 편이다. 인간 유전체의 1%만이 엑손으로 구성되며 인트론은 24%를 차지한다. 인트론이 많은 비율로 차지함은 그 정도로 주요하고도 다양한 생물학적 기능을 시사한다.

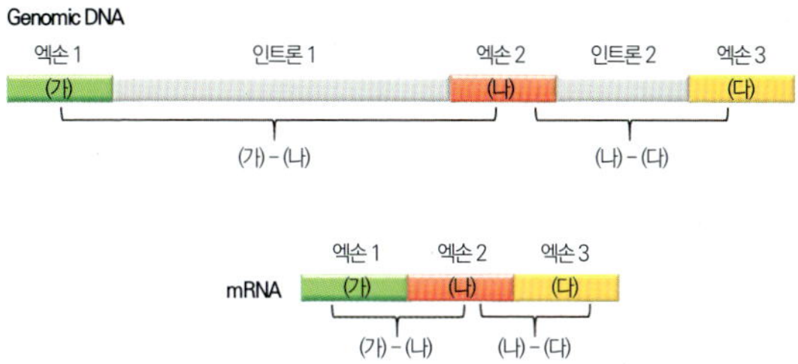

그림 2. 유전자는 엑손과 인트론으로 구성되며 최종 전사산물 mRNA에서는 스플라이싱에 의해 인트론은 제거되고 엑손만 남는다. 스플라이싱은 mRNA가 단백질로 번역되기 위해 꼭 필요한 단계이다. 인트론의 길이는 다양하며 평균적으로 엑손보다 긴 편이다. 엑손의 배열순서는 DNA와 mRNA에서 변하지 않는다.

학습 요약 정리 1

1. DNA는 아데닌(A), 구아닌(G), 시토신(C), 티민(T)의 염기로 구성
RNA는 아데닌(A), 구아닌(G), 시토신(C), 우라실(U)의 염기로 구성

2. 아데닌(A)과 티민(T)은 수소 이중결합
구아닌(G)과 시토신(C)는 수소 삼중결합

3. 아데닌(A), 구아닌(G)은 퓨린 화합물
시토신(C), 티민(T)은 피리미딘 화합물

4. 유전정보의 흐름은 항상 DNA에서 RNA로의 일방성은 아님
(레트로바이러스 유전자는 RNA에서 DNA로 역전사 일어남)

5. 세포성 유전자 DNA는 전사에 의해 mRNA를 만듦
이러한 mRNA를 주형으로 하여 최종산물인 단백질이 만들어짐

6. DNA 또는 mRNA중합체 속의 염기서열은 각 개별 유전자마다 고유하며
특별한 유전자정보를 제공 함

7. 세포 내 유전자에는 4개의 염기가 특별한 순서로 배열된 서열 안에
암호화되어 있음

8. 인간 유전체의 1%만이 엑손으로 구성되며 인트론은 24%를 차지함
(인트론의 다양한 기능을 시사함)

2

인트론 유전자의 기능

원핵세포에는 인트론이 거의 존재하지 않고, 대부분의 진핵세포에는 인트론이 존재한다. 언제쯤 인트론이 탄생되었는가라는 의문에 대해 많은 과학자들은 끊임없는 연구를 진행해 왔다. 유전자의 진화 관점에서 보면 인트론은 유전자의 초기에 DNA에 내재되어 있었다. 엑손의 길이는 평균 150bp정도로 균일한 편이나, 인트론의 길이는 다양하다(그림 2).

즉, 인트론은 변화무쌍한 다양한 기능을 할 수 있음을 시사한다. 엑손에서의 돌연변이 현상은 표현형을 바꿀 수 있는 중요한 유전자이지만, 인트론의 돌연변이는 큰 영향을 받지 않는다. 인트론은 쉽게 이동성유전인자 및 반복서열의 내재를 수용한다. 그리하여 프로모터 및 인핸서의 기능을 수행할 뿐만 아니라 miRNA를 만들어 내어 유전자 발현 조절 임무까지 담당한다(그림 3). 즉, 진핵생물 유전자의 발현에 있어서, 인트론의 기능은 유전자 발현의 조절자임을 시사한다.

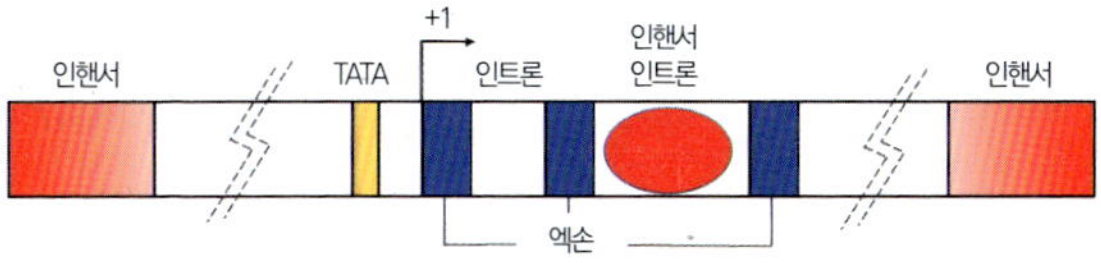

그림 3. 인트론의 길이는 다양하여 이동성유전인자 및 반복서열의 내재를 허용한다. 특히 인트론에 있는 이동성유전인자는 프로모터, 인핸서 및 miRNA를 만들어 유전자의 발현을 조절할 수 있다.

진핵세포의 유전자 전사 단계에서 인트론 서열은 제거되어 엑손 부분만 연결되는 스플라이싱 현상이 일어나는데, 일관적이지 않고 선택적으로 야기된다. 인트론이 존재하기 때문에 선택적 스플라이싱 현상이 일어나게 되는데, 이러한 현상은 유전자 기능의 다양성, 나아가 생물종 다양성에 중요한 의미를 시사한다. 선택적 스플라이싱으로 인하여 새로운 엑손유전자를 탄생 또는 제거시키기도 하여 다양한 전사체 산물 및 동형 단백질을 만들어낸다. 이러한 단백질은 상호 유사한 기능 또는 전혀 다른 기능을 수행하게 되는데, 특히 암세포에서 변이체의 특이성을 보여 바이오마커로 이용되기도 한다(그림 4).

엑손과 인트론의 상관관계에 있어서 인트론의 존재로 인하여 엑손이 혼란스럽게 되는 경우가 있다. 인트론으로 인하여 유전자 재조합이 일어나서 엑손뒤섞기(exon shuffling) 현상이 야기되며 하이브리드 유전

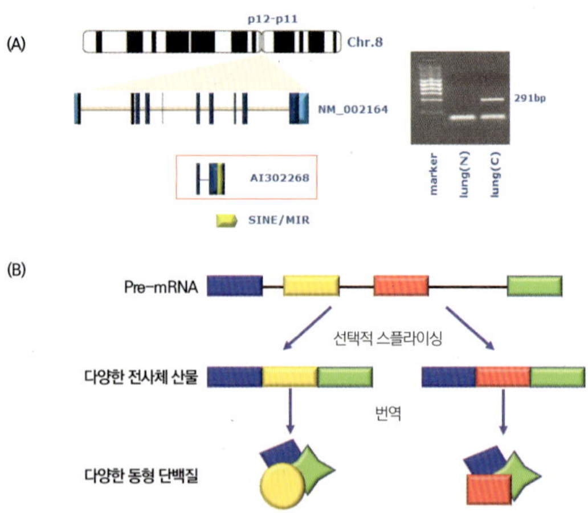

그림 4. 유전자의 선택적 스플라이싱으로 인하여 다양한 전사체 산물(A) 및 동형단백질을 만들어낸다(B). 이동성유전인자 SINE/MIR가 전사체 AI302268로 탐지되어 폐암에서 291bp의 전사체 산물을 보이지만, 정상적인 폐 조직에서는 291bp 전사체 산물이 보이지 않는다.

자가 존재하게 된다(그림 5). 엑손뒤섞기가 가능한 것은 인트론이 유전자의 탄생 초기부터 존재했음을 시사한다. 인트론 내 반복서열의 복사수가 많이 존재하면 유전체의 불안전성이 증가될 수도 있다.

인트론의 변화무쌍한 다양한 기능 중에서, 새로운 기능이 밝혀졌는데 통소상어 유전체에서 살펴보자. 상어는 면역반응에 관여하는 헬퍼T세포가 없음에도 불구하고 질병에 강하면서 비교적 오래 사는데, 그 이유가 바로 "인트론의 안전성" 때문이다. 통소상어의 경우, 지구상에서 척추동물 중 진화속도가 가장 느리다. 살아있는 화석 실러캔스보다 더 느리다. 즉, 인트론의 염기서열 변이 양상이 극히 적은 양상을 보여 돌연변이가 거의 없다. 돌연변이 양상이 없음은 곧 질병에도 이겨 내면서 장수할 수 있음을 시사한다. 많은 돌연변이는 진화 과정에서 다양한 질병을 야기한다. 유익한 돌연변이보다는 해롭거나 중성적 돌연변이의 발생 비율이 훨씬 많다.

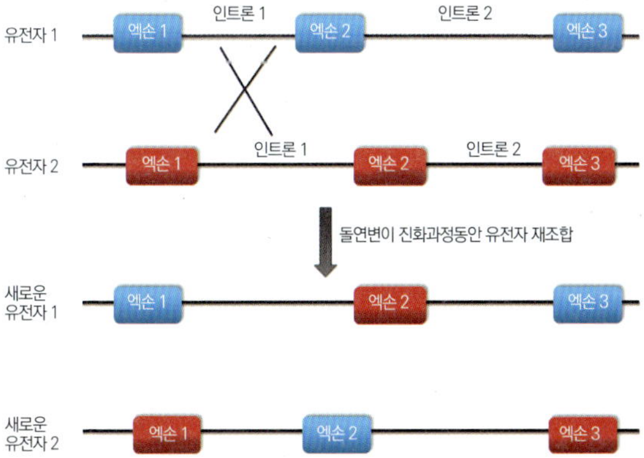

그림 5. 진화과정동안 인트론 때문에 유전자 재조합에 의한 엑손뒤섞기로 다양한 유전자의 형태가 만들어진다. 이것으로 말미암아 유전체의 불안전성 및 질병의 근원이 될 수 있다.

간헐적으로 일어나는 유익한 돌연변이의 예는 대표적으로 FOXP2유전자에서 찾아볼 수 있다. FOXP2유전자는 아미노산 715개로 구성된 전사인자를 암호화하는 유전자이다. 이 유전자는 진화적인 관점에서 매우 보존적인데, 인간과 침팬지의 FOXP2는 D-N-S(아스파르트산-아스파라긴-세린)와 D-T-N(아스파르트산-트레오닌-아스파라긴)으로 2개의 아미노산만 차이가 난다. 생쥐의 경우는 E-T-N(글루탐산-트레오닌-아스파라긴)을 가지고 있어, 인간과는 3개의 아미노산 차이를 보이나, 침팬지와는 단지 1개의 아미노산 차이를 보인다(그림 6A). FOXP2유전자 변이로 단백질이 절반만 만들어지는 인간은 뇌의 언어처리회로가 비정상적으로 형성된다. 인간이 다양한 언어로 상호 소통을 할 때, 정상적인 경우는 좌뇌의 브로카 영역이 주로 활성화되지만, FOXP2유전자 변이가 있는 환자의 경우는 좌뇌와 우뇌가 산발적으로 활성화된다(그림 6B).

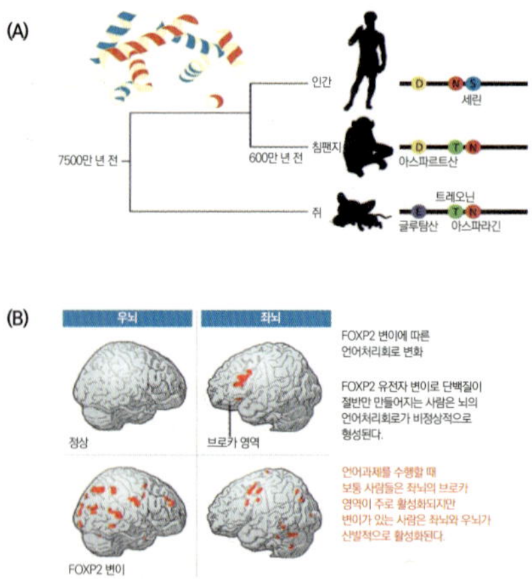

그림 6. 인간, 침팬지, 생쥐에서 언어유전자 FOXP2 비교 분석(A) 및 인간의 뇌에서 변이 양상(B). 인간과 침팬지는 D-N-S(아스파르트산-아스파라긴-세린)와 D-T-N(아스파르트산-트레오닌-아스파라긴)으로 2개의 아미노산만 차이가 난다. FOXP2유전자 변이로 인간의 뇌는 언어처리회로가 비정상적으로 형성된다. 인간이 다양한 언어로 상호 소통을 할 때, 정상적인 경우는 좌뇌의 브로카 영역이 주로 활성화되지만, FOXP2유전자 변이가 있는 환자의 경우는 좌뇌와 우뇌가 산발적으로 활성화된다.

학습 요약 정리 2

1. 인트론은 진화과정에서 유전자의 초기에 DNA에 내재되어 있었음

2. 엑손의 길이는 평균 150bp정도로 균일한 편이나, 인트론의 길이는 다양함

3. 엑손에서의 돌연변이 현상은 표현형을 바꿀 수 있는 중요한 유전자임
인트론의 돌연변이는 큰 영향을 받지 않음

4. 인트론은 이동성유전인자 및 반복서열의 내재를 쉽게 수용함

5. 인트론은 프로모터 및 인핸서의 기능 수행가능
miRNA를 만들어 내어 유전자 발현 조절 임무까지 담당함
(이동성유전인자와 연루)

6. 선택적 스플라이싱을 유도하여 새로운 엑손유전자 탄생 및 제거가능
다양한 전사체 산물 및 동형단백질을 만들어 상호 유사한 기능 또는 전혀 다른 기능을 수행

7. 암조직 및 세포에서 유전자 변이체의 특이성으로 암 바이오마커로 활용가능

8. 인트론의 존재로 인하여 유전자 재조합이 일어나 엑손뒤섞기(exon shuffling) 현상이 야기되며 하이브리드 유전자가 존재하게 됨

9. 돌연변이 양상이 적은 인트론의 경우(예, 퉁소상어 유전체) 질병의 면역반응에도 영향력 미치며 오래 살 수 있음

3 이동성유전인자는 무엇인가?

지구상에 존재하는 다양한 생물종들은 바이러스의 공격으로 투쟁과 공존 속에서 자연적으로 우연히 변화와 선택으로 바이러스 유전자를 받아들여 유전적 다양성을 활성화시켜 왔다. 바이러스 유전자들은 서서히 생명체의 진화를 가속화시켜 이동성유전인자라는 존재로 자리 잡아 유전자의 조절인자로서 주요한 생물학적 기능을 담당하게 되었다. 이동성유전인자는 DNA의 여기저기에서 어떠한 염기서열과 상관관계 없이 스스로 이동할 수 있는 DNA서열로서, 유전체 내 특정 위치로부터 다른 곳으로 직접 이동하는 특징을 가진다. 이동성유전인자는 HERV(8%), LINE(21%), SINE(13%), DNA transposon(3%)로 구성된다(그림 7).

레트로트란스포존은 RNA를 중간 매개로 전이한다. 역전사효소를 암호화하고 있는 HERV와 LINE은 스스로 유전체의 여기저기에 내재되어 들어갈 수 있다. HERV는 5' LTR-gag-pro-pol-env-3' LTR로 구성되어 있는데, 양 말단의 LTR은 조절인자로서 기능을 수행할 수 있는 프로모터 및 인핸서 임무를 수행할 수 있는 염기서열을 탑재하고 있다. 호르몬에 반응하는 HRE 영역도 있고, poly(A)신호(AATAAA)를 가지고 있어 전사를 조기에 종결할 수도 있다. LINE은 5' UTR-ORF1-ORF2-3' UTR 로 이루어져 있으며, UTR영역 역시 조절인자로서의 기능을 가지고 있어, 기능유전자의 사이 및 전후에 위치하여 상호 영향을 미치기도 한다. 이들의 이동성유전인자들은 유전체의 불안전성을 야기하여 다양한 질병을 유도하기도 하는 한편 종분화 및 진화

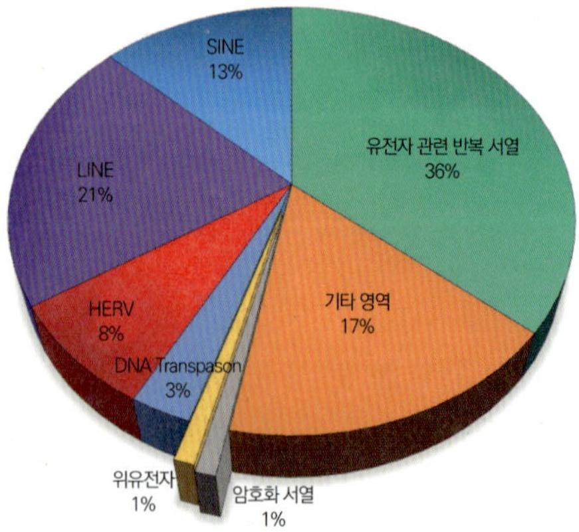

그림 7. 인간유전체를 구성하는 각 유전인자들의 분포도. 단백질을 만드는 기능유전자는 1%이다. 이동성유전인자는 45%를 차지하는데, HERV(8%), LINE(21%), SINE(13%), DNA transposon(3%)로 구성된다.

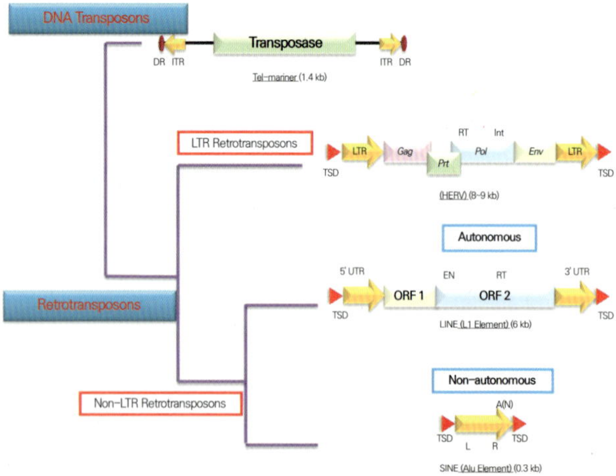

그림 8. 이동성유전인자의 분류 및 구조 모식도. 레트로트란스포존(HERV, LINE. SINE)은 RNA를 중간 매개로 전이한다. 스스로 이동할 수 있는 이동성유전인자는 역전사효소를 암호화하고 있는 HERV와 LINE이다. HERV는 5'LTR-gag-pro-pol-env-3'LTR로 구성되어 있는데, 양 말단의 LTR은 조절인자로서 기능을 수행할 수 있는 프로모터 및 인핸서 염기서열을 탑재하고 있다. LINE은 5'UTR-ORF1-ORF2-3'UTR 로 이루어져 있으며, UTR영역 역시 조절인자로서의 기능을 가지고 있다. SINE인자의 대표적인 Alu는 300bp의 크기로 6500만년 전 영장류의 유전체에서 처음으로 탐지되었다.

에도 깊숙이 관여하고 있다(그림 8). SINE인자의 대표적인 Alu는 300bp의 크기로 6500만년 전 영장류의 유전체에서 처음으로 탐지되어 오늘날 영장류 특이적인 인자로 알려져 있다. 복사수로서는 인간유전체 내에는 5000여개, 침팬지의 유전체에는 2000여개, 오랑우탄 유전체에는 250여개가 존재한다. 특정 염색체상에 내재되어 들어가면 스스로 움직일 수가 없어 분자계통분류에 있어 하나의 바이오마커로서 활용되고 있다. 유전자발현에 있어 인핸서 역할도 하며, miRNA를 만들어내기도 한다.

DNA트란스포존은 RNA를 중간 매개로 하지 않고 전이한다. 이들은 자체가 암호화하는 전이효소(transposase)가 자신의 염기서열을 인식하여 다른 곳으로 이동시킨다. 이때 DNA트란스포존의 제거는 정확하지 않아서 원래 있던 자리에서 다른 곳으로 이동시 돌연변이 현상이 야기된다. DNA트란스포존의 양 말단에 역반복 염기서열을 가지고 있으며, 전이기작으로는 "절단-이어붙이기"로 한 곳에서 다른 곳으로 일어난다. 레트로트란스포존은 "복제-이어붙이기"로 이동하여 원래 있

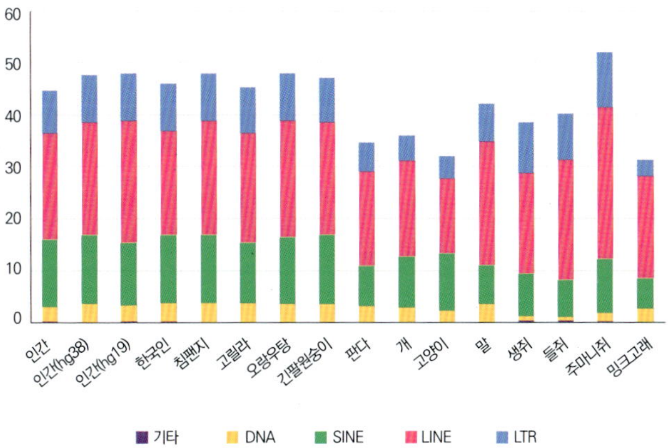

그림 9. 고등영장류 및 다양한 포유류에서 이동성유전인자의 구성 분포도

던 곳에 이동성유전인자가 그대로 남아 있고 새로운 위치에 레트로트란스포존을 만든다.

인간(45%)을 포함한 침팬지(48%), 고릴라(48%), 오랑우탄(51%), 긴팔원숭이(47%) 등의 고등영장류의 경우에는 이동성유전인자의 분포도가 대동소이하다. 밍크고래의 경우는 31.3%를 차지하나 주머니쥐의 경우에는 52.1%의 이동성유전인자를 보인다. 총체적으로 LINE이 높은 분포도를 보이며, SINE, LTR Retrotransposon, DNA transposon순서로 정리 된다[그림 9].

살아있는 화석으로 알려진 실라칸스의 경우는 13.4%의 이동성유전인자를 가지고 있으며 대부분이 SINE으로 구성된다. 제브라피시의 경우 47%의 이동성유전인자 중에서 36%가 DNA transposon으로 어류의 종에서는 그 분포도가 상이하다[그림 10].

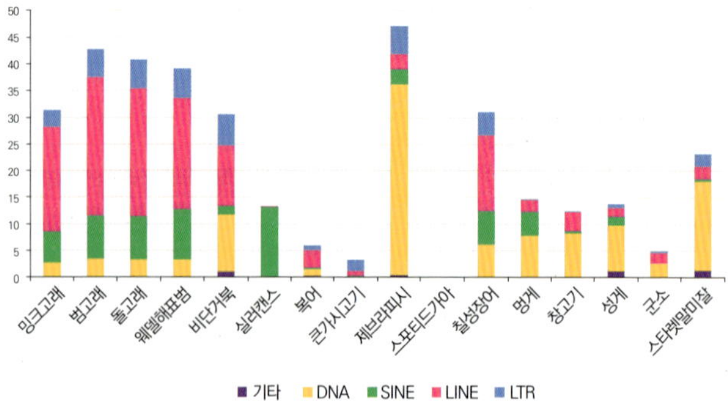

그림 10. 다양한 해양 포유류 및 어류에서 이동성유전인자 구성 분포도

학습 요약 정리 3

1. 유전체 내에서 스스로 이동할 수 있는 DNA서열을 이동성유전인자라고 함

2. 이동성유전인자 : HERV(8%), LINE(21%), SINE(13%), DNA transposon(3%)

3. HERV는 5'LTR-gag-pro-pol-env-3'LTR로 구성되어 있는데, 양 말단의 LTR은 조절인자로서 기능을 수행할 수 있는 프로모터 및 인핸서 임무를 수행할 수 있는 염기서열로 구성됨

4. LINE은 5'UTR-ORF1-ORF2-3'UTR 로 이루어져 있으며, UTR영역 역시 조절인자로서의 기능을 가지고 있음

5. 영장류 특이적인 SINE인자의 대표적인 Alu는 300bp의 크기로 인간유전체 내에는 5000여개, 침팬지의 유전체에는 2000여개, 오랑우탄 유전체에는 250여개가 존재함

6. Alu는 스스로 움직일 수가 없어 염색체상에 고정되므로 분자계통분류에 있어 하나의 바이오마커로서 활용되고 있음

7. 인간을 포함한 침팬지, 고릴라, 오랑우탄, 긴팔원숭이 등의 고등영장류의 경우에는 이동성유전인자의 분포도가 45-50%로서 상호 비슷함

8. 밍크고래의 경우는 31.3%를 차지하나 주머니쥐의 경우에는 52.1%의 이동성유전인자를 차지함

9. 총체적으로 LINE이 높은 분포도를 보이며, SINE, LTR Retrotransposon, DNA transposon순서로 정리 됨

4 이동성유전인자의 생물학적 기능

다양한 생물종에서 이동성유전인자들이 하는 역할에 대해 살펴보자. 새로운 프로모터, 인핸서, 인슈레이터 및 miRNA를 제공하며 선택적인 스플라이싱을 야기한다. 엑손유전자의 탄생, 소실 및 재조합 등의 다양한 돌연변이 현상을 유도 한다. 또한 에피제네틱 조절까지도 담당한다(그림 11).

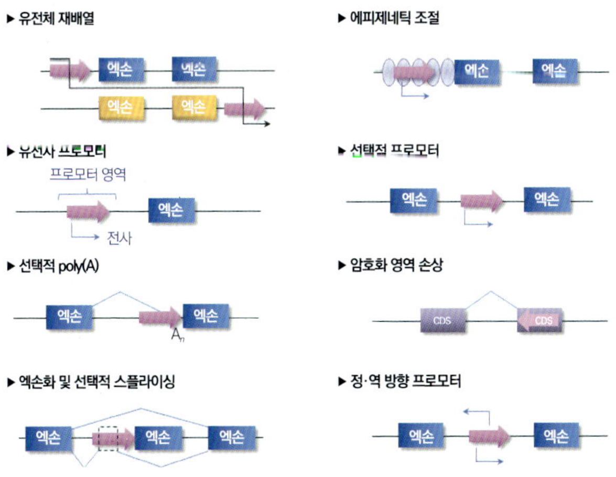

그림 11. 이동성유전인자의 다양한 기능 모식도. 선택적 프로모터, 인핸서, 인슈레이터 및 miRNA를 제공하며, 나아가 엑손유전자의 탄생, 소실 및 재조합 등의 다양한 돌연변이 현상을 유도한다. 또한 유전자 발현의 조절 영역에서 에피제네틱 조절까지도 담당한다.

인간의 Y염색체 Yq11.2영역에는 남성불임에 관여하는 AZFa(DFFRY, DBY), AZFb(RBMY), AZFc(DAZ) 영역이 존재한다. AZFa영역의 주요 유전자(DFFRY, DBY) 전후로 HERV-I가 자리 잡고 있다. HERV-I인자들의 상동재조합으로 인하여 DFFRY, DBY유전자의 결손을 야기한다. HERV-I구조유전자 염기서열의 비교분석에 의하면 똑같은 영역이 ID1, ID2로 탐지되고 이들의 상동재조합으로 781kb의 긴 단편이 소실되었음이 남성불임의 환자에서 탐지되었다(그림 12, 13).

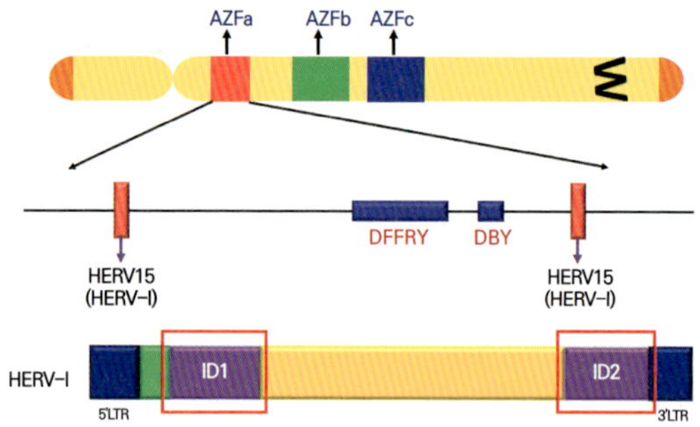

그림 12. 인간 Y염색체 불임관련유전자의 위치 및 구조해부도. AZFa영역에 두 개의 HERV-I가 내재되어 있으며, 그 안쪽으로 정자 발달 및 분화에 관여하는 DFFRY, DBY유전자가 자리잡고 있다.

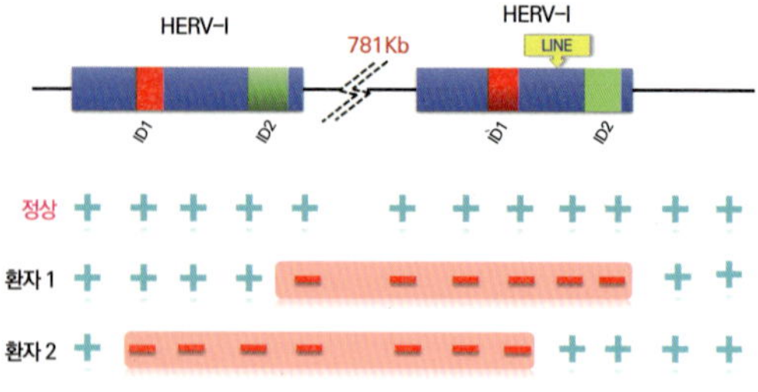

그림 13. 인간의 Y 염색체 AZFa영역의 HERV-I구조유전자 분석. 남성불임환자 염기서열의 비교분석에서 HERV-I 동일영역 ID1과 ID2의 상동재조합으로 인하여 781kb의 긴 단편이 소실되었음을 보여 준다.

HERV-I인자 내에 LINE이 내재되어 있는데, 이 LINE의 길이는 인간의 다양한 집단에 따라 달라서 인간의 종분화 및 진화 연구에 중요한 바이오마커로 이용되고 있다. AZFb(RBMY), AZFc(DAZ) 영역에는 Alu인자가 순치중복(tandem duplication)으로 회문구조를 야기시켜 큰 산을 만들어 주요유전자 RBMY, DAZ를 보호하고 있다[그림 14]. 즉, AZFa 영역의 HERV-I로 인하여 불임이 야기되고, AZFb,c영역의 Alu인자로 인하여 불임을 막아주는 좋은 역할을 한다. 이것처럼 이동성유전인자는 두 얼굴을 가진 이중성을 보인다.

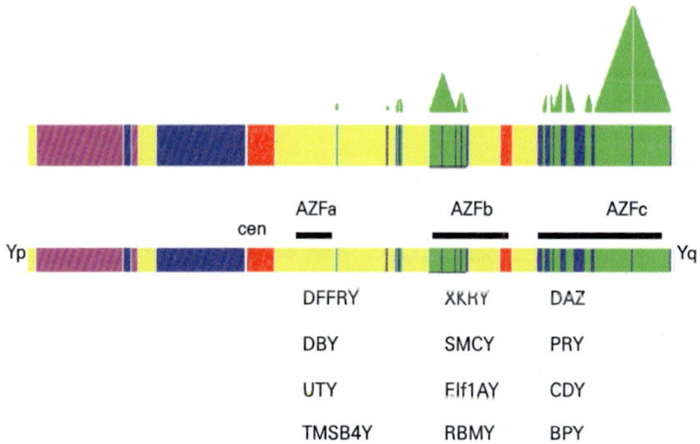

그림 14. 인간 Y염색체의 구조. 핵심유전자와 이동성유전인자간의 상관관계를 보여준다. AZFb(RBMY), AZFc(DAZ) 영역에는 Alu인자가 순차중복(tandem duplication)으로 회문구조를 만든다. 이러한 회문구조는 큰 산을 만들어 주요유전자 RBMY, DAZ유전자를 보호하고 있다.

남성불임의 주요유전자 DAZ는 인간염색체 3p24영역에 있는 DAZL로부터 전위(transposition)되어 Y염색체로 자리 잡았다. 전위된 DAZ 유전자는 DAZ repeats 7개를 만들고 정소에서만 유전자 발현을 한다. CDY유전자의 경우는 4500만년 전에 원원류(여우원숭이)와 분기되고난 후, 진원류(신세계 및 구세계원숭이, 고등영장류)에서만 탐지되고 있다. 인간염색체 6p25영역에 있는 CDYL유전자로부터 전사된 산물이 거꾸로 Y염색체 DNA상에 내재되어 들어왔기 때문에(거꾸로 전위; retrotransposition) 인트론이 없는 상태이다. 상염색체상에 존재하는 CDYL유전자의 발현양상은 다양한 조직에서 나타나는 유비쿼터스형이지만, Y염색체상에 존재하는 CDY유전자는 정소에서만 강하게 발현하여 정자생산, 발달 및 분화에만 관여한다. 즉, Y염색체상의 유전자들은 상염색체 유전자로부터 유전자중복과 돌연변이 현상으로 서로 다른 염색체상으로 자리를 잡은 후에는 원래의 유전자 기능을 잃고 조직 특이적인 새로운 생물학적 기능을 얻게 되었다. 생물종다양성의 관점에서 성염색체는 상염색체로부터 진화되어 왔다. 성을 결정하는 유전자 SRY는 SOX3유전자가 그 전신이다(그림 15).

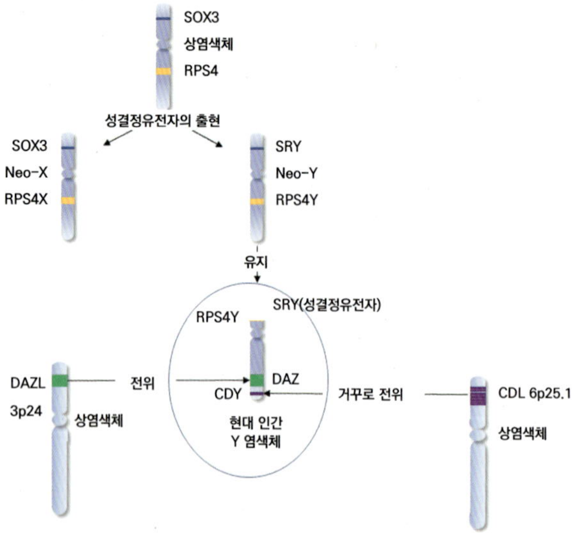

그림 15. 인간의 Y염색체의 진화. 성결정유전자 SRY는 SOX3유전자로부터 유래되었으며, 남성불임 핵심유전자 DAZ는 DAZL유전자로부터 전위되었다. CDY유전자는 CDYL유전자로부터 거꾸로 전위되어 Y염색체상에 자리 잡았다. Y염색체상의 유전자들은 상염색체 유전자로부터 유전자중복과 돌연변이 현상으로 서로 다른 염색체상으로 자리를 잡은 후에는 원래의 유전자 기능을 잃고 새로운 생물학적 기능을 얻게 되었다.

최근 만성장염 크론병과 연루되어 있는 면역유전자 IRGM9이 AluS의 삽입으로 인하여 위유전자(pseudogene)으로 전락하였다. 4500만년 전 영장류의 진화과정에서 일어났다. 여우원숭이와 같은 원원류에서는 주요한 기능을 하는 면역유전자였지만, 신세계 및 구세계원숭이에서는 AluS 인자의 내재로 기능을 잃고 말았다. 그러나, 레트로바이러스 ERV9인자가 IRGM9 유전자의 머리부분에 다시 삽입되어 들어와 긴팔원숭이와 오랑우탄은 일부 기능을 회복할 수 있었으며, 고등영장류의 진화과정동안 계속되는 돌연변이 현상으로 고릴라, 침팬지, 인간은 정상적인 IRGM9유전자의 기능을 회복하게 되었다. 즉, ERV9의 내재로 인하여 유전자 발현을 조절할 수 있는 프로모터의 기능을 얻게 되었다(그림 16).

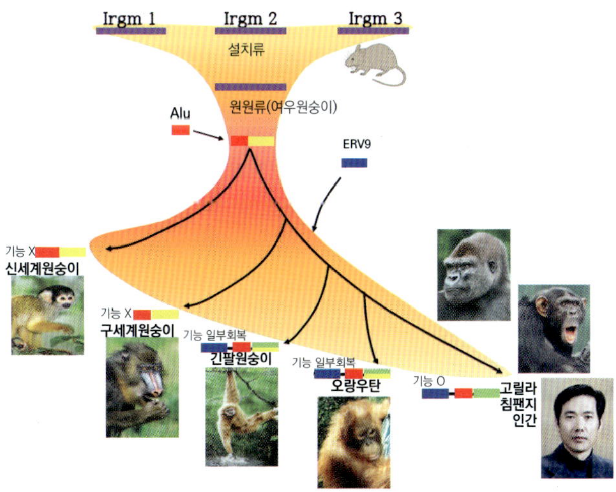

그림 16. 영장류 진화과정동안 면역유전자 IRGM9의 기능 소실과 획득. 4500만년 전, 면역유전자 IRGM9에 AluS의 삽입으로 인하여 위유전자(pseudogene)으로 전락하였지만, 레트로바이러스 ERV9인자가 IRGM9 유전자의 머리부분에 다시 삽입되어 들어와 긴팔원숭이와 오랑우탄은 일부 기능을 회복할 수 있었다. 고등영장류의 진화과정동안 계속되는 돌연변이 현상으로 고릴라, 침팬지, 인간은 정상적인 IRGM9유전자의 기능을 회복하게 되었다.

이렇듯, 이동성유전인자는 자유롭게 이동할 수 있어 유전자의 기능을 망가지게 하는 돌연변이원으로서 유전체의 불안전성을 야기해 유전자 발현에 타격을 입히기도 하는 한편, 이들의 염기서열 내에는 전사인자들이 결합할 수 있는 영역을 가지고 있어 유전자 발현의 조절인자로서 유전자 기능을 다양하게 하는 주요한 임무를 수행하기도 한다.

인간의 X-염색체 유전성 질환을 담당하는 맥락막 혈증 (CHM) 유전자에 문제가 발생하면 맥락막 및 망막의 위축으로 실명으로 이어진다. CHM유전자의 인간의 다양한 조직에서 발현양상은 이동성유인자와 연루되어 흥미진진하다. CHM유전자의 제 4인트론 내에 내생레트로바이러스 ERV9의 LTR12C인자가 존재한다. 이동성유전인자 LTR12C의 내재로 말미암아 CHM유전자의 전사산물 동형체 (가)와 (나)로 만들어진다. 정상세포에서는 동형체 (가)가 폐. 전립선, 정소, 갑상선, 자궁에서 많이 발현된다. 그러나, 암세포에서는 동형체 (나)가 폐, 정소, 대장에서 많이 발현되어, 암 바이오마커로서 활용 가능하다(그림 17).

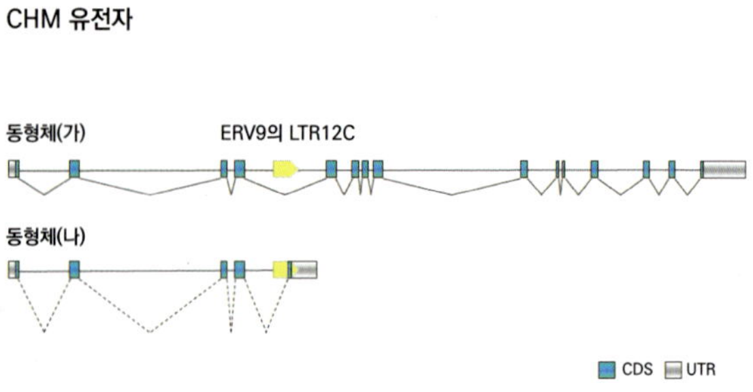

그림 17. 인간유전자 CHM의 동형체 (가)와 (나)의 발현양상이 대조적이다. 정상세포에서는 동형체 (가)가 폐. 전립선, 정소, 갑상선, 자궁에서 많이 발현된다. 그러나, 암세포에서는 동형체 (나)가 폐, 정소, 대장에서 많이 발현된다.

유전자의 표현형 변형에 인트론 유전자가 관여한다. 인간의 대머리 현상이 야기되는 것은 인트론에 존재하는 이동성유전인자 SINE이 그 원인이다. 인간의 염색체 3q27에 위치하는 LIPH유전자가 머리카락의 성장에 관여하고 있다. 포스포리파아제 H 유전자(phopholipase H gene)의 제4번 엑손이 인트론에 내재하는 AluS와 AluY의 상호재조합으로 결손되어 머리카락의 성장이 결핍되어 대머리 현상을 보인다(그림 18).

한편, 인간의 염색체 12q12에 위치하는 PPHLN1유전자의 엑손 12, 13, 14번이 이동성유전인자 HERV-M이 기여하여, 기능을 하는 유전자의 탄생에 이동성유전인자의 중요성을 시사한다(그림 19). PPHLN1유전자의 DNA상의 여기저기에 다양한 이동성유전인자(LTR, MER, Alu, HERV-M)가 관여하여 유전자의 전사체 10개를 만들어낸다. 다양한 전사체 산물은 다양한 조직에서 서로 다른 다양한 생물학적 기능을 나타낸다.

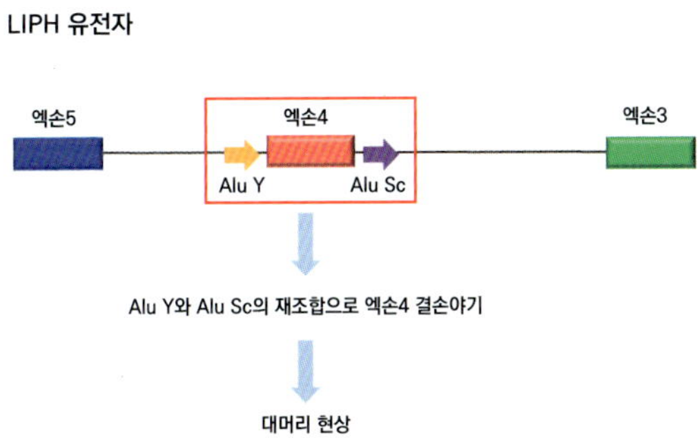

그림 18. 간의 대머리 현상과 LIPH유전자와 상관관계. SINE Alu인자의 재조합으로 LIPH 엑손4의 결손을 야기하여 대머리 현상이 생긴다.

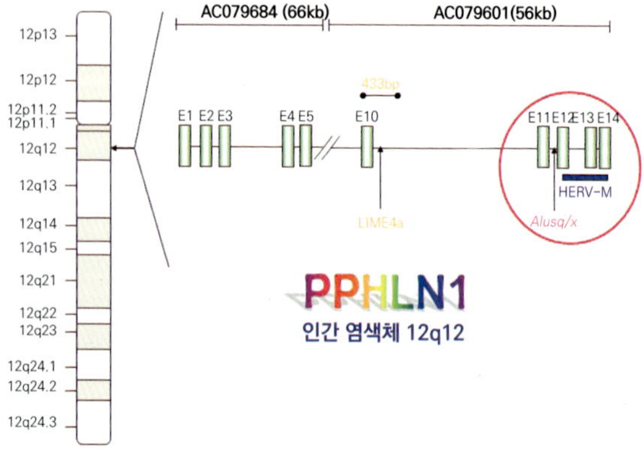

그림 19. 인간의 PPHLN1유전자의 엑손 12, 13, 14번을 이동성유전인자 HERV-M이 만든다.

학습 요약 정리 4

1. 이동성유전인자는 선택적 프로모터, 인핸서, 인슈레이터 및 miRNA를 제공함. 엑손유전자의 탄생, 소실 및 재조합 등의 다양한 돌연변이 현상을 유도함

2. 인간의 Yq11.2영역에 남성불임에 관여하는 AZFa(DFFRY, DBY), AZFb(RBMY), AZFc(DAZ) 영역이 존재함

3. AZFa영역의 주요유전자(DFFRY, DBY) 전후로 HERV-I가 자리 잡고 있어, FRV-I인자들의 상동재조합으로 인하여 DFFRY, DBY유전자의 결손으로 남성불임

4. AZFb(RBMY), AZFc(DAZ) 영역에는 Alu인자가 순차중복(tandem duplication)으로 회문구조를 만들어 주요유전자 RBMY, DAZ를 보호함

5. 남성불임의 주요유전자 DAZ는 인간염색체 3p24 DAZL로부터 전위(transposition)되어 Y염색체로 자리 잡았으며, CDY유전자는 인간염색체 6p25 CDYL유전자로부터 거꾸로 전위(retrotransposition)되어 인트론이 없음

6. Y염색체상에 자리잡은 DAZ와 CDY유전자들은 정소에서만 유전자 발현 양상을 강하게 보임

7. 면역유전자 IRGM9은 4500만년 전 AluS의 삽입으로 인하여 위유전자(pseudogene)으로 전락하였음. 2000만년 전, 레트로바이러스 ERV9인자가 IRGM9 유전자의 머리부분에 삽입되어 들어와 고릴라, 침팬지, 인간은 정상적인 IRGM9유전자의 기능을 회복하였음

8. 인간의 염색체 3q27에 위치하는 LIPH유전자의 제4번 엑손이 인트론에 내재하는 AluS와 AluY의 상호재조합으로 결손되어 대머리 현상을 야기함

9. 인간의 염색체 12q12에 위치하며, 주용한 기능을 하는 PPHLN1유전자의 12, 13, 14번 엑손을 이동성유전인자 HERV-M이 만들어 냄

5 유전자는 다양한 질병과 연루

인간의 질병에는 유전자의 복사수에 기인하기도 한다. 남성불임에 관여하는 TSPY유전자는 다중유전자족으로서 정자형성, 발달 분화에 관여하는 유전자인데, 그 복사수가 많아도 불임이 되고 너무 적어도 불임을 야기한다(그림 20). 즉 30-40개 TSPY복사수는 정상이나, 12개 TSPY복사수 및 51 개 TSPY복사수는 불임을 야기한다.

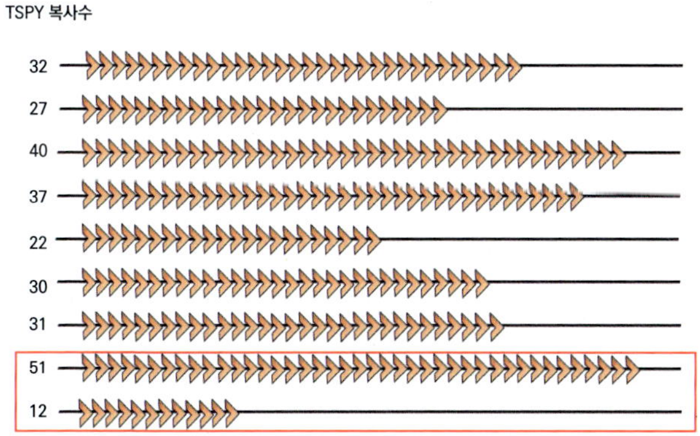

그림 20. 남성불임 유전자 TSPY의 복사수. 적당한 TSPY유전자 복사수가 정상상태의 정자를 만든다. 30-40개 TSPY복사수는 정상이나, 12개 TSPY복사수 및 51개 TSPY복사수는 불임을 야기한다.

유전자의 복사수 증가에는 유전자 중복(gene duplication)이 관여하고 있다. 중복된 유전자는 원래 유전자의 기능을 그대로 유지하기도 하지만, 위유전자(pseudogene)으로 전락하기도 하여 유전자의 기능이 소

멸되기도 한다. 인간의 염색체 1q21.1에서 NOTCH2NL유전자 복사수가 줄어들면 소두증 증상을 보이며, 복사수가 증가되면 대두증 현상이 야기된다(그림 21).

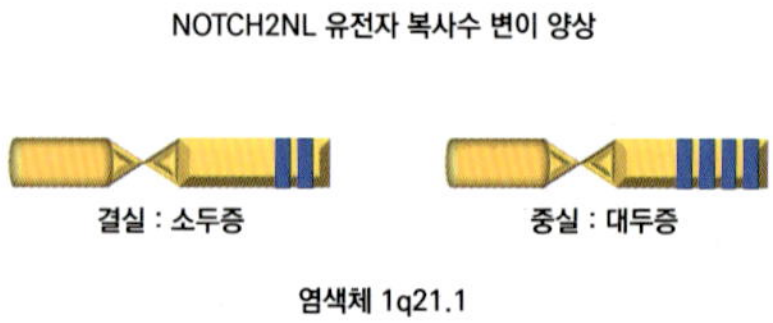

그림 21. 인간의 뇌 크기에 관여하는 NOTCH2NL 유전자의 복사수. 인간의 염색체 1q21.1에서 NOTCH2NL유전자 복사수가 2개로 줄어들면 소두증 증상을 보이며, 복사수가 4개로 증가되면 대두증 현상이 야기된다.

인간의 염색체 1번의 SRGAP2(가)유전자의 경우는 3백4십만년 전, 오스트랄로피테쿠스 종에서는 SRGAP2(가)유전자가 중복되어 SRGAP2(나)유전자를 탄생시켰다. 2백4십만년 전, 호모 에렉투스 종에서는 유전자(나)가 다시 중복되어 유전자(다)를 만들어 냈으며, 1백만년 전에는 유전자(나)가 다시 중복되어 유전자(라)를 만들었다. 그리하여 네안데르탈인과 호모 사피엔스 유전체에는 SRGAP2(가), (나), (다), (라) 4개 복사수를 가지고 있다. 이들 복사수의 증가에 SINE Alu 인자가 관여하고 있고, 유전자(가), (다) 만이 신경세포에서 수상돌기 가지 확장에 연루되어 있다(그림 22).

인간의 염색체 15번 ARHGAP11B는 침팬지, 고릴라, 오랑우탄 및 원숭이에는 없는 인간에게서만이 있는 유전자로서 ARHGAP11A유전자로부터 중복되어 네안데르탈인과 데니소바인의 분기 이전에 만들어졌다(그림 23). ARHGAP11B의 발현은 뇌의 신피질 확장 기능을 시사한다.

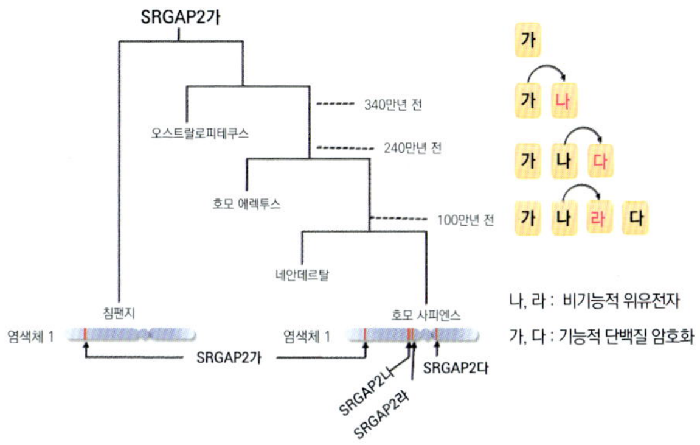

그림 22. 인간 뇌 신경세포에서 발현하는 SRGAP2가 유전자의 3번 중복으로 인간 염색체의 1번에서 4개의 SRGAP2(가), (나), (다), (라) 유전자 복사수를 보이고 있다. 이들 유전자의 중복현상에 Alu인자가 관여하고 있으며, 중복된 유전자(가), (다) 만이 기능을 가지는 유전자로서 수상돌기 가지의 증가에 기여하고 있다.

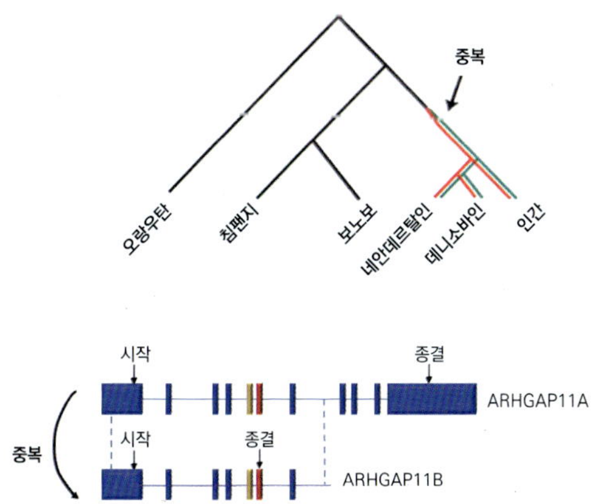

그림 23. 인간 특이적인 유전자 ARHGAP11B는 ARHGAP11A의 중복으로 침팬지와 분기된 이후 만들어졌다. 인류 진화과정에서 8번 엑손까지만 중복된다. 이후에 5번 엑손에서 스플라이싱 및 프레임 시프트 돌연변이가 일어나고 6번 엑손에서 종결된다. ARHGAP11B의 발현은 뇌의 신피질 확장 기능에 연루되어 있다.

인간의 뇌에서 발현하는 PCDHY유전자가 Yp11.2 위치에 자리잡고 있다. 이 PCDHY유전자는 Xq21.3위치에 있는 PCDHX유전자가 원본이다. 인류의 진화과정에서 유전자 중복, 전이, 역위현상들이 순차적으로 일어나 오늘날 Y염색체상에 위치하고 있다. 이 유전자의 전이 및 역위 돌연변이 현상에도 이동성유전인자 LINE이 기여하였다. 따라서 LINE인자의 중개로 말미암아 인간에게서만이 존재하는 PCDHY유전자가 500만 년 전, 인간과 침팬지가 분기되고 난 이후에 인간에게서만이 탄생되었으며, 인간의 뇌조직 특이적으로 유전자 발현을 보이며, 정신분열증과도 깊숙이 연루되어 있다(그림 24).

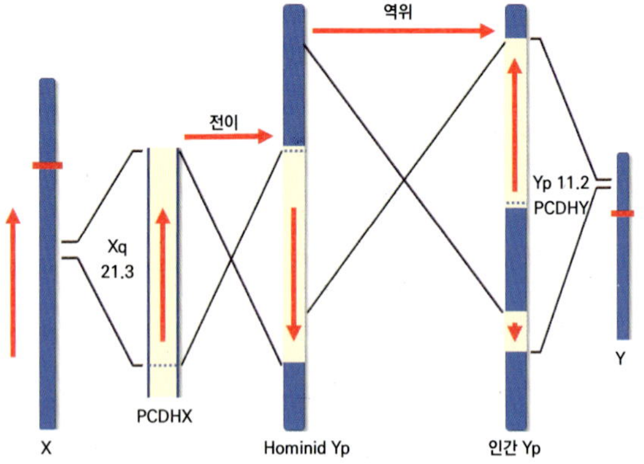

그림 24. 인간의 PCDHX 및 PCDHY유전자 위치 및 돌연변이 양상. 침팬지 및 고릴라, 원숭이에게는 없는 PCDHY는 오직 인간에게서만이 존재하며, LINE인자의 도움으로 유전자 중복, 전이 및 역위 돌연변이를 거쳐 Yp11.2위치에 자리 잡아 인간의 뇌 기능에 주요한 역할을 담당하고 있다.

인간의 정신 분열증 증상은 뇌 크기가 비정상적으로 비대해져 야기되기도 한다. 인간의 뇌 좌반구와 우반구가 불균형을 이루는데 반해 침팬지는 균형을 이룬다. 침팬지와 분기되고 난 이후, 인간의 뇌는 점진적으로 커지는 쪽으로 진화해 오고 있다. 인간과 침팬지에서 뇌 조직에서 발현하는 유전자의 전사 조절인자인 인핸서(enhancer)를 분석해 보면 HARE5(Human-Accelerated Regulatory Enhancer 5)가 인간의 FZD8유전자를 활성화하여 대뇌 신피질을 확장하여 인간의 뇌 크기를 조절하고 있음이 밝혀졌다(그림 25).

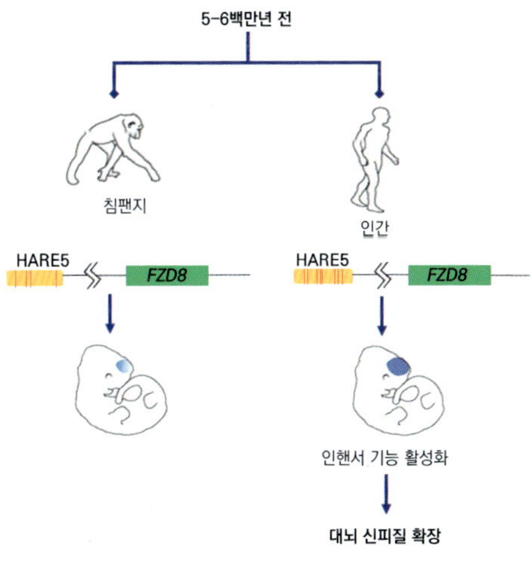

그림 25. 인간과 침팬지의 FZD8유전자와 HARE5와의 관계. 인간의 HARE5에 다양한 전자인자들이 더 많이 결합하여 FZD8유전자의 활성화로 말미암아 대뇌 신피질이 비대해져 인간의 뇌가 침팬지에 비해 더 커다.

최근 이동성유전인자 DNA transposon에 속하는 MER130 반복 패밀리가 뇌의 신피질에서 인핸서로서 역할을 하고 있음이 밝혀졌다. 이들 패밀리는 전사인자 Nfi 및 Neurod가 결합할 수 있는 염기서열로 구성되어 있다. 인류의 진화과정에서 Nfi 및 Neurod 전사인자가 점진적으로 결합할 수 있도록 MER130이동성유전인자가 점진적으로 염기서열의 변이가 일어났다. 그리하여 인핸서로서의 기능을 제공하게 되어 전사인자 Nfi 및 Neurod가 결합할 수 있게 되었다[그림 26]. MER패밀리는 또한 miRNA를 탄생시켜 유전자의 발현조절에 있어 중요 역할을 담당하게 한다.

인간의 뇌 조직에는 신경세포가 아니면서 중추신경계와 말초신경계에서 항상성을 유지하고 미엘린 수초를 생성하며 신경세포를 지지하는 신경교세포(neuroglia)가 있는데, 희소돌기교세포(oligodendrocyte), 성상세포(astrocyte), 미세교세포(microglia), 슈반세포(Schwann cell)로 구성된다. 인간 염색체 7q21.2영역에 있는 HERV-W env유전자가 만들어 내는 Syncytin-1은 성상세포에서 독성물질의 방출을 유도하여 희소돌기교세포를 죽이고 미엘린수초의 손상을 가져와 다발성경화증 증상을 야기 한다[그림 27].

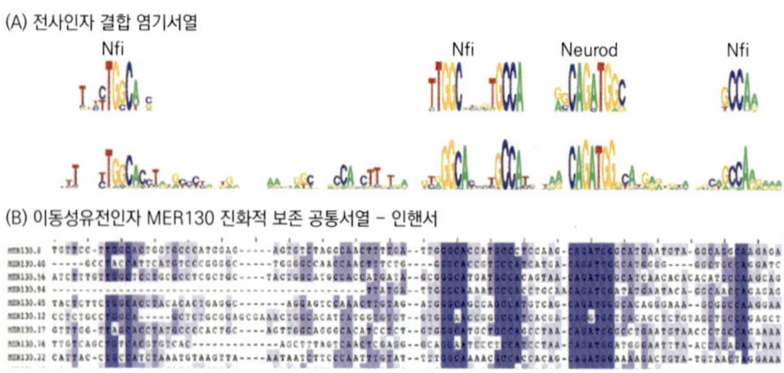

그림 26. 이동성유전인자 MER130 반복패밀리는 전사인자 Nfi 및 Neurod가 결합할 수 있는 염기서열을 제공한다. 진화과정에서 점진적인 변이양상이 인핸서 서열을 제공하여 뇌의 신피질 확장에 기여한다.

태반의 형성 및 발달에 Syncytin-1단백질이 관여하는데, 바이러스가 숙주세포내로 들어가는 것과 동일한 기작에 의해 영양아세포(trophoblast)의 융합을 매개한다. 즉, HERV-W env유전자의 단백질 Syncytin-1매개로 인한 영양아세포의 융합은 합포체영양막(syncytiotrophoblast)(태반융모의 표면을 뒤덮는 영양막상피 외층의 세포층)을 형성하는데, 세포의 경계가 없고 많은 세포의 합체에 의해서 생긴 다핵세포로 구성된다. 이는 곧 배아의 착상과 연루 된다(그림 28). 이와 같은 단백질은 진화적으로 8천5백만년 전, 천산갑(태반 포유류의 한 목)과 분기 이후, 태반류의 육식동물에서 탐지되고 있다. 영장류의 진화과정동안 신세계 및 구세계 원숭이의 유전체 내에서 많은 HERV-W가 존재한다.

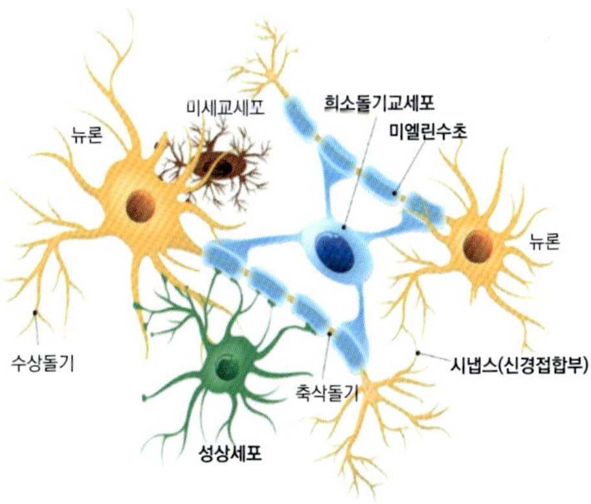

그림 27. 신경세포(neuron)와 신경교세포의 상호관계. 희소돌기교세포는 축삭의 표면을 둘러싸는 물질인 미엘린을 생산하는 세포인데, Syncytin-1에 의해 손상을 받으면 급성 다발성경화증 증상을 보인다. 인간 염색체 7q21.2영역에 있는 HERV-W env유전자가 만들어 내는 Syncytin-1은 성상세포에서 독성물질의 방출을 유도하여 희소돌기교세포를 죽이고 미엘린수초의 손상을 가져와 다발성경화증 질병을 야기한다.

이동성유전인자 및 반복서열의 분석은 개인 및 개체의 식별, 집단유전, 계통분류 및 생물종다양성 연구에 이용된다. 각 DNA의 가변수 직렬 반복 서열(variable number tandem repeat; VNTR)은 지문처럼 개인 및 개체 식별에 용이하여 과학수사 및 응용연구에도 활용된다. 서로 반복되는 서열의 복사수가 다르기 때문에 진화과정을 유추할 수도 있으며, 질병 바이오마커로서 활용되며, 원산지의 기원 및 뿌리도 추적할 수 있어 다양하게 응용할 수 있다. 이동성유전인자 및 반복서열이 많은 복사수로서 존재하는 원동력은 유전자 중복(gene duplication)이다. 중복된 유전자는 분기하면서 서로 다른 유전자를 만들거나 불활성화 된 위유전자를 탄생시키기도 한다. 유전자 중복으로 인하여 생물 개체의 진화를 가속화한다. 따라서 생물종다양성의 계통분류 및 진화 영역에서 이동성유전인자와 DNA반복서열들은 그 가치가 대단하여 점진적으로 하나씩 밝혀야 할 것이다.

그림 28. Syncytin-1에 의한 영양아세포의 융합으로 합포체영양막 형성 모식도. HERV-W env유전자가 만들어내는 Syncytin-1은 바이러스가 숙주세포내로 들어가는 것과 동일한 기작에 의해 영양아세포(trophoblast)의 융합을 매개한다. Syncytin-1매개로 인한 영양아세포의 융합은 합포체영양막(syncytiotrophoblast)을 형성하는데, 세포의 경계가 없고 많은 세포의 합체에 의해서 생긴 다핵세포로 구성된다.

학습 요약 정리 5

1. 남성불임에 관여하는 TSPY유전자는 다중유전자족으로서 정자형성, 발달 분화에 관여함. TSPY유전자 복사수가 많아도 적어도 남성불임을 야기함

2. NOTCH2NL유전자 복사수가 줄어들면 소두증 증상을 보이며, 복사수가 증가되면 대두증 현상이 야기됨

3. 인간 뇌 신경세포에서 발현하는 SRGAP2A유전자의 중복현상으로 염색체의 1번에서 SRGAP2-A, B, C, D유전자 복사수를 보임. 이들 유전자의 중복현상에 Alu인자가 관여하였으며, 중복된 유전자 SRGAP2-A와 C만이 수상돌기 가지의 증가에 기여함

4. 인간 특이적인 유전자 ARHGAP11B는 ARHGAP11A의 중복현상으로 침팬지와 분기된 이후 만들어졌으며, 뇌의 신피질 확장 기능에 연루되어 있음

5. 인간의 뇌에서 발현하는 PCDHY유전자는 PCDHX의 중복, LINE유전인자의 도움으로 전이 및 역위 돌연변이 현상으로 Y염색체에 위치함. 인간 특이적인 유전자로 뇌 조직에서 유전자 발현을 보이며, 정신분열증과도 깊숙이 연루되어 있음

6. FZD8유전자의 인핸서 HARE5에 다양한 전자인자들이 더 많이 결합하여 FZD8유전자의 활성화로 말미암아 대뇌 신피질이 비대해져 인간의 뇌가 침

팬지에 비해 더 커졌음

7. 이동성유전인자 MER130 반복패밀리는 전사인자 Nfi가 결합할 수 있는 염기서열을 제공하고, 인핸서 기능을 획득하여 뇌의 신피질 확장에 기여함

8. HERV-W env유전자가 만들어 내는 Syncytin-1은 성상세포에서 독성물질의 방출을 유도하여 희소돌기교세포를 죽이고 미엘린수초의 손상을 가져와 다발성경화증 증상을 야기함

9. HERV-W env유전자의 단백질 Syncytin-1매개로 인한 영양아세포의 융합은 합포체영양막(syncytiotrophoblast)(태반융모의 표면을 뒤덮는 영양막상피 외층의 세포층)을 형성하여 태반형성 및 발달에 기여함

10. 이동성유전인자 및 반복서열의 분석은 개인 및 개체의 식별, 집단유전, 계통분류 및 생물종다양성 연구에 이용됨

11. 각 DNA의 가변수 직렬 반복 서열(variable number of tandem repeat; VNTR)은 지문처럼 개인 및 개체 식별에 용이하여 과학수사 및 응용연구에도 활용 됨. 서로 반복되는 서열의 복사수가 다르기 때문에 진화과정을 유추할 수도 있으며, 질병 바이오마커로서 활용되며, 원산지의 기원 및 뿌리도 추적할 수 있어 다양하게 응용할 수 있음

6 새로운 유전자의 탄생

침팬지나 원숭이에게는 없으며 오직 인간에게서만이 있는 유전자들은 인류의 진화과정에서 새롭게 탄생하였는데 비암호화 영역으로부터 유래한다. 우연히 계속되는 돌연변이 현상은 정상적인 엑손유전자를 탄생시킨다. 순차적으로 이동성유전인자 유래의 프로모터를 획득하여 인간 특이적인 유전자를 형성하게 된다(그림 29). 이들 유전자들은 대뇌피질이나 정소에서 발현양상을 많이 나타내는데, 이는 프로모터 영역에 결합하는 전사인자의 종류에 따라 발현양상이 결정되기 때문이다.

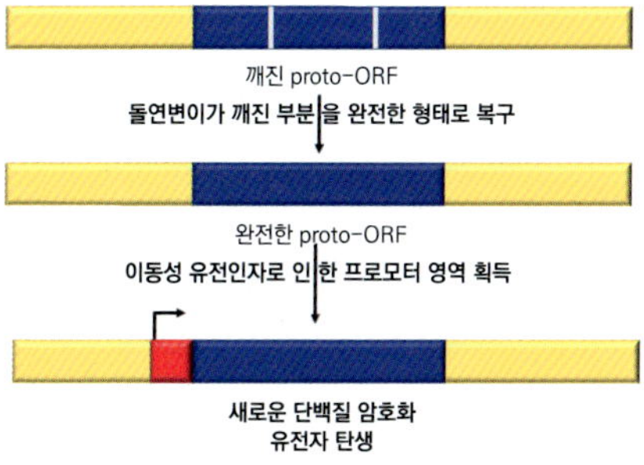

그림 29. 새로운 유전자의 탄생 모식도. 다양한 돌연변이로 망가져 있던 엑손유전자들이 진화적인 시간 속에 다시 돌연변이가 일어나 정상적인 모습을 되찾고 조절인자로서 역할을 하는 이동성유전인자의 내재로 인해 프로모터 기능을 새롭게 획득하여 정상적인 유전자가 탄생하게 된다. 이러한 유전자는 인간 특이적인 유전자에서 많이 탐지되며, 대뇌피질이나 정소에서 유전자 발현 양상을 보인다.

한편, 후각수용체 유전자의 경우는 인간의 진화과정에서 많이 없어지기도 하였다. 후각과 색각유전자는 상호 연관되어 있다. 3원색을 구분하는 영장류의 종은 후각유전자가 많이 소실되어 있는 반면, 3원색을 구분 못하는 종은 후각유전자가 잘 보존되어 있다. 인간, 침팬지, 고릴라, 오랑우탄, 긴팔원숭이 등의 유인원과 구세계원숭이들은 3원색을 구분하지만, 신세계원숭이 및 원원류는 3원색을 구분 못한다. 예외로 고함원숭이만이 3원색을 구분한다(그림 30). 이러한 현상은 영장류의 진화과정에서 다양한 원숭이 또한 그들만이 가지고 있는 유전인자들이 있어 상호 독립적으로 진화해 왔음을 시사한다.

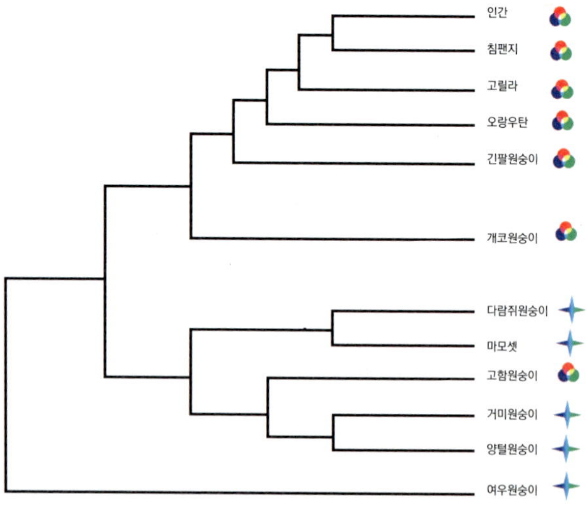

그림 30. 고등영장류(인간, 침팬지, 고릴라, 오랑우탄, 긴팔원숭이) 및 구세계원숭이(개코원숭이)들은 3원색을 구분한다. 신세계원숭이(다람쥐원숭이, 마모셋, 고함원숭이, 거미원숭이, 양털원숭이)들 중에서는 오직 고함원숭이만이 3원색을 구분한다. 여우원숭이같은 원원류는 3원색을 구분 못한다.

학습 요약 정리 6

1. 침팬지나 원숭이에게는 없으며 오직 인간에게서만이 있는 유전자들은 인류의 진화과정에서 새롭게 탄생하였는데 비암호화 영역으로부터 유래함

2. 우연히 계속되는 돌연변이 현상은 정상적인 엑손유전자를 탄생시키는데, 순차적으로 이동성유전인자 유래의 프로모터를 획득하여 인간 특이적인 유전자를 형성하게 됨

3. 인간 특이적인 유전자들은 대뇌피질이나 정소에서 발현양상을 많이 나타내는데, 이는 프로모터 영역에 결합하는 전사인자의 종류에 따라 발현양상이 결정되기 때문임

4. 후각수용체 유전자의 경우는 인간의 진화과정에서 많이 없어지기도 함

5. 후각과 색각유전자는 상호 연관되어 있음. 3원색을 구분하는 영장류의 종은 후각유전자가 많이 소실되어 있는 반면, 3원색을 구분 못하는 종은 후각유전자가 잘 보존되어 있음

6. 인간, 침팬지, 고릴라, 오랑우탄, 긴팔원숭이 등의 유인원과 구세계원숭이들은 3원색을 구분하지만, 신세계원숭이 및 원원류는 3원색을 구분 못함

7. 신세계원숭이들 중에서는 오직 고함원숭이만이 3원색을 구분함. 여우원숭이

같은 원원류는 3원색을 구분 못함. 이러한 현상은 영장류의 진화과정에서 다양한 원숭이 또한 그들만이 가지고 있는 유전인자들이 있어 상호 독립적으로 진화해 왔음을 시사함

7 유전자의 표현형 변화

회색나방은 얼룩덜룩한 흑백 패턴을 흑백패턴을 가지고 있으며, 야행성이고 낮에는 나무줄기에 서식한다. 산업공해 문제가 제기되기 전에는 밝은색의 이끼들이 나무를 뒤덮고 있어 회색나방은 밝은 색깔로 위장함으로서 새들의 공격으로부터 보호를 받았다. 19세기 중반 영국의 맨체스터 공업도시 주변의 오염으로 돌연변이 나방이 출현하였는데 색깔이 검정색이다. 산업혁명이 시작되고 굴뚝에서 나온 그을음은 흰색 이끼를 죽게 했으며 나무를 검게 만들었다. 따라서 어두운 검정색나방은 위장을 잘 할 수 있게 되었다. 이들은 원래 회색이었는데, 주어진 환경 속에서 생존하기 위해 변이현상이 야기되었다. 즉, 콜텍스 유전자(Cortex gene)의 첫 번째 인트론에 DNA transposon이 내재되어 들어가 인핸서로서 기능을 수행하여 나방의 색깔을 회색에서 검정색으로 변화시켰다(그림 31).

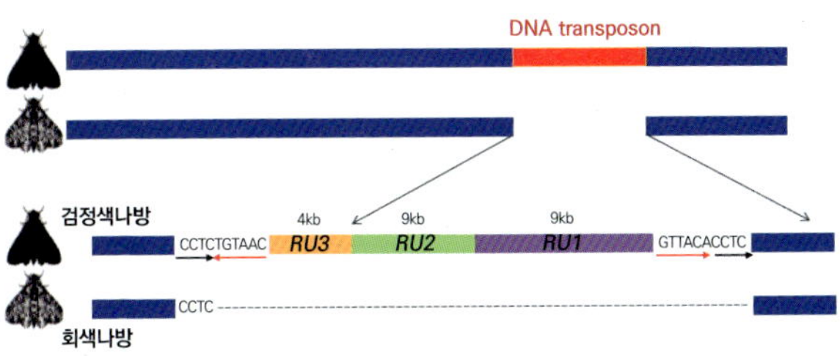

그림 31. 검정색 나방과 회색 나방의 콜텍스 유전자의 구조. 검정색 나방의 첫 번째 인트론에 이동성유전인자 DNA transposon이 22kb의 크기로서 자리 잡고 있다. 인핸서로서의 기능을 수행함에 나방의 색깔 표현형을 변화시켰다.

이동성유전인자는 인트론뿐만 아니라 엑손유전자 내에도 내재되어 들어가 표현형을 바꾸기도 한다. 생쥐에서 아구티 유전자의 첫 번째 위엑손(pseudoexon)에 레트로트란스포존이 내재되어 들어가 메틸화 상태에 따라서 노란색 털과 검정갈색 털로 표현형이 다르게 나타난다(그림 32).

생쥐의 털 색깔뿐만 아니라 비만 또한 레트로트란스포존이 가지고 있는 LTR인자의 CpG섬의 메틸화 유무에 따라서 결정된다. 즉 메틸화되지 않은 생쥐의 개체에서는 노란색 털과 비만을 보이게 된다(그림 32). 이러한 이동성유전인자의 내재와 함께 메틸화 현상은 악씬 유전자(axin gene)의 제 6인트론에서도 일어났다. 인트론에서 레트로트란스포존의 메틸화 현상이 약하면 생쥐 꼬리가 많이 구부러지나, 강하면 직선의 표현형을 보인다(그림 33).

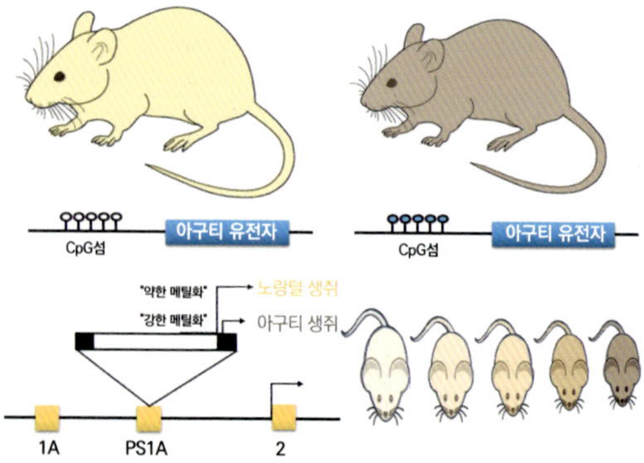

그림 32. 생쥐 아구티 유전자의 구조 및 레트로트란스포존의 위치. 레트로트란스포존이 pseudoexon에 내재되어 들어가 LTR이 가지고 있는 CpG섬의 메틸화 상태가 강할수록 생쥐의 털 색깔이 검정갈색으로 변한다.

메틸화 현상은 무엇인가? DNA염기서열은 변화하지 않고 동일하나 유전자의 미묘한 변화를 가져오는 후성유전학적 변화(epigenetic change)인 것이다. 생쥐의 털 색깔이나 꼬리 구부러짐에서 본 바와 같이 유전자 변이 없이 유전자 기능의 변화를 가져오는 것이 CpG섬의 시토신의 메틸화 현상으로 가능하다. 인간을 포함한 대부분의 포유동물의 DNA상에서 시토신의 메틸화 현상이 야기되는데, 이는 시토신의 탄소 5번 위치로 메틸기가 메틸기전달효소(methyltransferase)에 의해 전달되는 반응의 결과이다. DNA메틸화 패턴은 태생기 초기에 없어졌다가 착상 후 다시 나타나며 비교적 안정적으로 유지된다. 포유류에서 메틸시토신이 불안정한 염기임에도 불구하고 오랜 진화과정동안 계속 유지하고 있는 것은 유전자의 표현형에 영향을 미치는 주요한 역할을 담당하고 있기 때문이다. 시토신의 메틸화 현상은 내생레트로바이러스를 포함한 이동성유전인자의 전사를 막아주는 수단으로도 활용된다. 또 다른 주요한 역할은 유전체에 퍼져 있는 반복서열DNA 인자들의 상호 재조합이 일어나지 않도록 하는데 기여함으로서 유전체의 안정성을 유지하는데 중요한 기능을 한다.

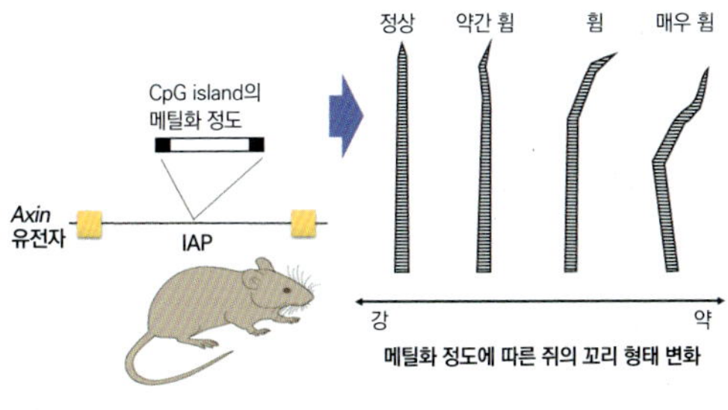

그림 33. 악씬 유전자의 구조 및 레트로트란스포존의 위치. 레트로트란스포존이 악씬 유전자의 6번 인트론에 내재되어 들어가 있으며, 이 IAP이동성유전인자의 LTR이 가지고 있는 CpG섬의 메틸화 상태가 약할수록 생쥐의 꼬리는 많이 구부러진다.

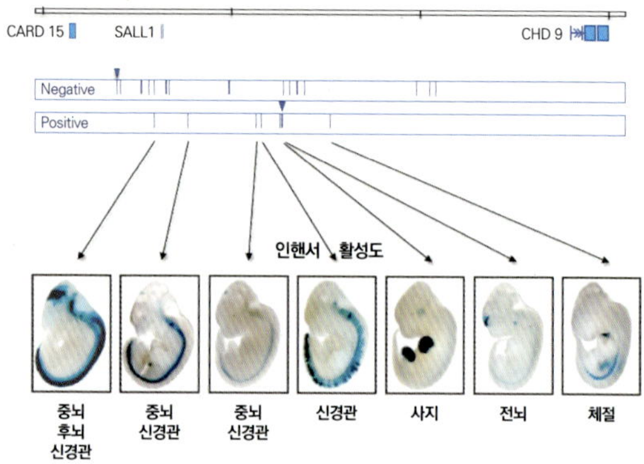

그림 34. 진화과정에서 잘 보존된 인트론 영역(CNE)의 생물학적 기능. CNE는 기능 유전자의 발현에 있어 인핸서로서의 역할을 보여준다. 어떠한 전사인자의 결합유무에 따라 다양한 조직(전뇌, 중뇌, 후뇌, 신경관, 사지, 체절)에서 발현양상이 상이하다.

생물의 진화 과정에서 잘 보존된 인트론 영역이(CNE-conserved non-coding element) 있는데, 이 CNE 영역이 기능 유전자의 발현에 있어 인핸서로서 역할을 수행한다(그림 34). 서로 다른 영역의 CNE는 다양한 전사인자 결합영역을 제공하여, 유전자의 발현양상을 다르게 조절하고 있다.

인간과 복어 유전체 정보를 활용한 잘 보존된 영역의 CNE 발현양상을 분석해 보면, 전뇌와 중뇌에서 많은 인핸서 양상을 보였다(그림 35).
세포 수준에서 쉽게 인핸서 기능을 확인할 수 있다. 유전자의 발현양상을 형광으로 알 수 있는 루시페라제 분석 시스템상에 GLI3유전자의 프로모터를 클로닝하고, 그 상단부에 인간과 복어 CNE를 연결한다. 인간과 복어 CNE영역의 염기서열을 살펴보면 전사인자 PBX1과 PAX4가 결합하는 것으로 분석된다. 이러한 루시페라제 벡터 세트로 H661인간 폐암세포에 형질도입(transfection)했을 때 좋은 인핸서 양상을 보이지만, 전사인자 PBX1과 PAX4가 결합할 수 없는 돌연변이체를 형

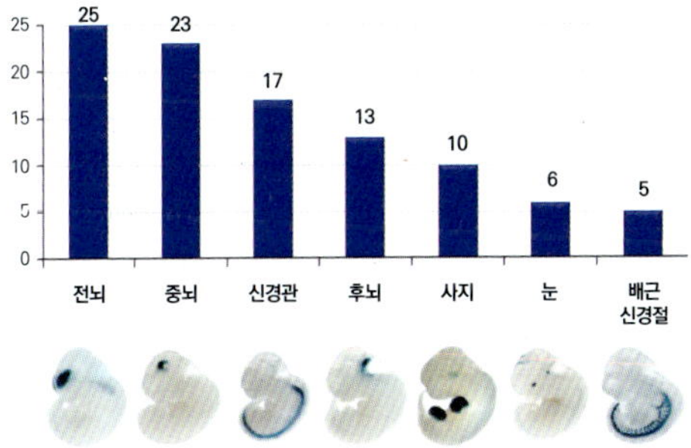

그림 35. 인간과 복어 유전체 정보를 활용한 CNE 99개의 발현 양상을 분석한 결과 전뇌(25)와 중뇌(23)에서 많은 인핸서 양상을 보인다. 즉 인간과 복어 CNE영역에 뇌 특이적 발현을 유도하는 전사인자가 결합하여 조직 특이적인 유전자 발현을 나타낸다.

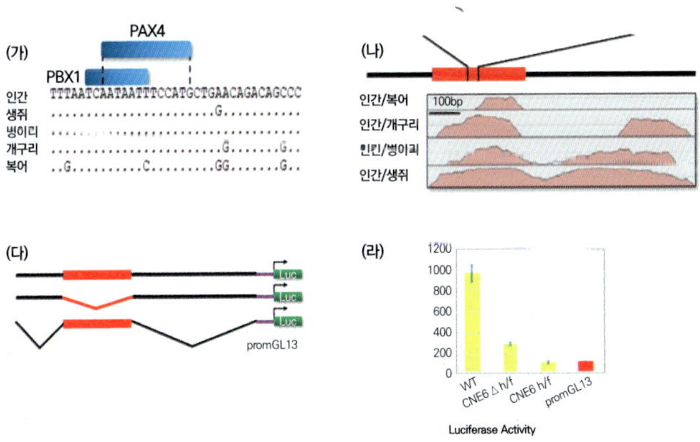

그림 36. 인간과 복어 유전체의 비교분석으로 탐지된 CNE영역에 대한 루시페라제 에세이. 루시페라제 벡터 시스템에 인간/복어 CNE의 클로닝으로 인간 폐암세포 H661에 형질도입하여 분석 결과 좋은 인핸서 양상을 보였다. 전사인자 PBX1과 PAX4가 CNE영역에 결합하여 인핸서 기능을 보였다.

질도입 했을 경우는 인핸서 양상이 낮아지는 결과를 알 수 있다. 따라서 인간과 복어 CNE영역에 전사인자 PBX1과 PAX4가 결합하여 GLI3 유전자의 발현을 폐 조직 세포에서 조절함을 시사한다(그림 36).

초파리 경우는 Cyp6g1유전자에 이동성유전인자 Accord LTR이 전이되어 들어온 이후 유전자 중복으로 복사수가 이중으로 되어 Cyp6g1-a와 Cyp6g1-b가 형성되었다. 이들의 유전자상에 계속하여 HMS-Beagle과 P-인자가 내재되어 들어온 개체는 DDT살충제에 대해서 내성을 가져 생존할 수 있게 되었다. 즉, 유전자의 복사수 증가 및 이동성유전인자 내재로 인하여 초파리는 새로운 환경에 적응할 수 있게 되었다(그림 37).

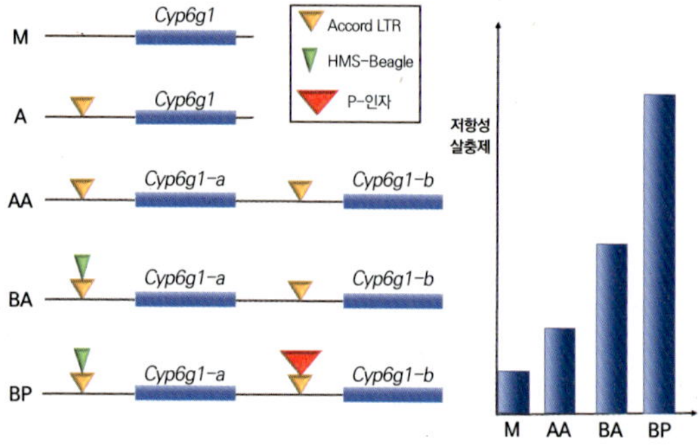

그림 37. 초파리에서 유전자 중복으로 복사수 증가 및 이동성유전인자 내재로 인한 살충제에 대한 내성 증가 모식도. Cyp6g1-a와 Cyp6g1-b 유전자상에 계속하여 HMS-Beagle과 P-인자가 내재되어 들어온 Cyp6g1-BP개체는 DDT살충제에 대해서 강한 내성을 가질 수 있게 되었다.

식물의 경우는 이동성유전인자가 어떻게 작용하고 있는지 살펴보자. 옥수수 낱알이 보라색이었던 것이 흰색으로 보이는 것은 이동성유전인자 Ds가 색깔유전자 내로 들어갔기 때문이다. 이러한 Ds가 다시 다른 위치로 자리를 옮기면 얼룩달룩한 형상을 보이게 된다(그림 38).

식물 유전자의 어디든지 이동성유전인자의 내재로 인해 새로운 표현형을 나타낼 수 있다. 오렌지 및 포도 과일 색깔 또한 이동성유전인자의 전이현상으로 말미암아 다양한 색깔로 변신 가능하다(그림 39, 40). 나베리나 오렌지 정상 표현형에서 레트로트란스포존의 내재로 인해 타로코 오렌지가 되며, 이들 유전인자간의 재조합 결손으로 마로 오렌지가 탄생되었다. 독립적인 새로운 레트로트란스포존의 삽입으로 징시안 오렌지가 만들어졌다. 또한, 까베르네 포도의 일반적 표현형에서 LTR레트로엘리먼트의 내재로 인해 샤도네이 포도가 되며, 이들 유전인자간의 재조합 현상으로 오쿠야마 포도가 탄생되었다.

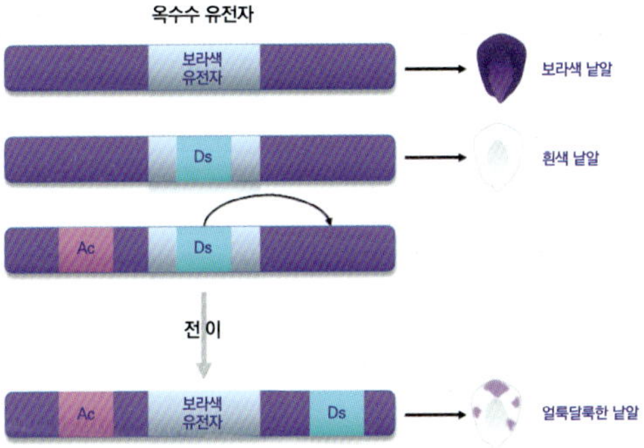

그림 38. 옥수수 색깔유전자 내로 이동성유전인자 Ds전이현상으로 낱알의 색깔이 흰색 또는 얼룩달룩 형상을 보인다. 옥수수 낱알이 보라색이었던 것이 흰색으로 보이는 것은 이동성유전인자 Ds가 색깔유전자 내로 들어갔기 때문이다. 이러한 Ds가 다시 다른 위치로 자리를 옮기면 얼룩달룩한 형상을 보이게 된다.

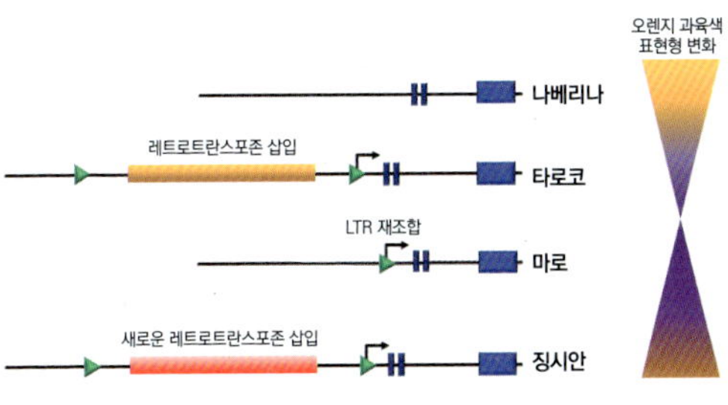

그림 39. 이동성유전인자 전이현상으로 오렌지 과일의 표현형 변화 양상. 나베리나 오렌지 정상 표현형에서 레트로트란스포존의 내재로 인해 타로코 오렌지가 되며, 이들 유전인자간의 재조합 결손으로 마로 오렌지가 탄생되었다. 독립적인 새로운 레트로트란스포존의 삽입으로 징시안 오렌지가 만들어졌다.

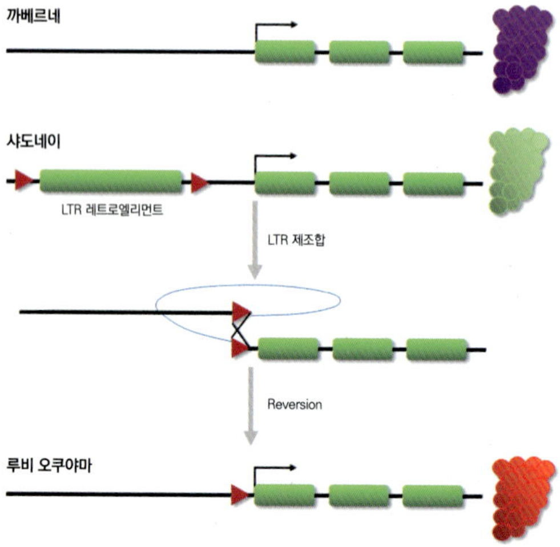

그림 40. 이동성유전인자 전이현상으로 포도 과일의 표현형 변화 양상. 까베르네 포도의 일반적 표현형에서 LTR레트로엘리먼트의 내재로 인해 샤도네이 포도가 되며, 이들 유전인자간의 재조합 현상으로 오쿠야마 포도가 탄생되었다.

학습 요약 정리 7

1. 영국의 공업도시 주변의 오염으로 돌연변이 나방이 출현하였는데 검정색임. 콜텍스 유전자(Cortex gene)의 첫 번째 인트론에 DNA transposon이 내재되어 들어가 인핸서로서 기능을 수행하여 나방의 색깔을 회색에서 검정색으로 변화시켰음

2. 이동성유전인자는 인트론뿐만 아니라 엑손유전자 내에도 내재되어 들어가 표현형을 바꾸기도 함. 생쥐 아구티 유전자의 첫 번째 위엑손(pseudoexon)에 레트로트란스포존이 내재되어 들어가 메틸화 상태에 따라서 노란색 털과 검정갈색 털로 표현형이 다르게 나타남

3. 생쥐의 털 색깔뿐만 아니라 비만 또한 레트로트란스포존이 가지고 있는 LTR 인자의 CpG섬의 메틸화 유무에 따라서 결정됨. 메틸화되지 않은 생쥐의 개체에서는 노란색 털과 비만을 보이게 됨

4. 이동성유전인자의 내재와 함께 메틸화 현상은 악씬 유전자(axin gene)의 제6인트론에서도 야기됨. 인트론에서 레트로트란스포존의 메틸화 현상이 약하면 생쥐 꼬리가 많이 구부러지나, 강하면 직선의 표현형을 보임

5. 생물의 진화 과정에서 잘 보존된 인트론 영역이(CNE-conserved non-coding element) 있는데, 이러한 CNE 영역은 기능 유전자의 발현에 있어 인핸서로서 역할을 수행함

6. 서로 다른 영역의 CNE는 다양한 전사인자 결합영역을 제공하여, 유전자의 발현양상을 다르게 조절하고 있음

7. 초파리 Cyp6g1유전자에 이동성유전인자들이 점진적으로 전이되어 들어온 이후 DDT살충제에 대해서 내성을 가져 생존할 수 있게 되었음

8. 옥수수 낱알이 보라색이었던 것이 흰색으로 보이는 것은 이동성유전인자 Ds가 색깔유전자 내로 들어갔기 때문임. 이러한 Ds가 다시 다른 위치로 자리를 옮기면 얼룩달룩한 형상을 보이게 됨

9. 이동성유전인자 전이현상으로 오렌지 과일의 표현형 변화 양상이 나타남. 나베리나 오렌지 정상 표현형에서 레트로트란스포존의 내재로 인해 타로코 오렌지가 되며, 이들 유전인자간의 재조합 결손으로 마로 오렌지가 탄생됨. 독립적인 새로운 레트로트란스포존의 삽입으로 징시안 오렌지가 만들어짐

10. 까베르네 포도의 일반적 표현형에서 LTR레트로엘리먼트의 내재로 인해 샤도네이 포도가 되며, 이들 유전인자간의 재조합 현상으로 오쿠야마 포도가 탄생됨

8 마이크로RNA의 기원 및 기능

마이크로RNA(microRNA, miRNA)는 다양한 생물개체의 유전자 발현을 조절하는 작은 RNA로서 기존의 tRNA, rRNA, mRNA보다 크기가 훨씬 작다. 20~25개의 뉴클레오타이드로 구성되어 있다. 마이크로RNA가 생명체 내에 존재한다는 사실이 최초로 밝혀진 때는 1993년이다. 미국의 앰브로스 박사팀은 예쁜 꼬마 선충의 성장 및 발생 시기를 조절하는 일련의 유전자를 찾아냈는데, 이중에는 놀랍게도 단백질을 생성하지 않은 작은 마이크로RNA lin-4도 관여하였다. 이어 2000년이 되어서 선충의 성장 변화에 관여하는 마이크로RNA let-7이 밝혀졌는데, 이는 초파리 및 인간에게서도 존재하였다.

유전 정보를 가진 DNA의 염기서열은 mRNA로 그대로 옮겨진 다음, 다시 세포질에 있는 리보솜의 tRNA를 거쳐 단백질을 합성하게 된다. 즉, RNA는 DNA의 유전 정보를 전달하고 아미노산을 운반하는 역할을 하는 것으로 알려져 있다. 마이크로RNA는 유전 정보의 전달 과정에서 mRNA와 상보적으로 결합한다. 6-8개의 적은 뉴클레오타이드를 활용하여 그들의 표적을 인식하는데, 하나의 miRNA는 수천 가지의 서로 다른 표적 mRNA를 조절하고, 하나의 표적은 다수의 miRNA에 의해 조절된다. 그리하여 세포 내 유전자 발현과정에서 중추적인 조절인자로 작용한다. 마이크로RNA는 세포 내에서 새로운 형태의 조절인자로서 다양하고도 필수적인 기능을 가진다(그림 41).

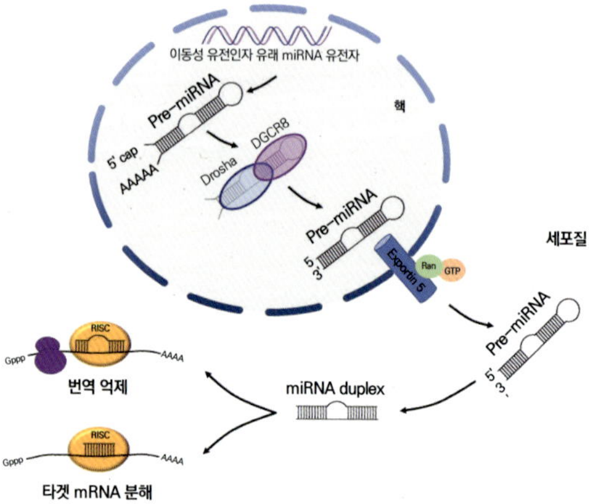

그림 41. 마이크로RNA의 기원 및 기능. 마이크로RNA유전자 및 이동성유전인자로부터 성숙한 miRNA가 만들어진다. 20~25개의 뉴클레오타이드로 구성된 마이크로RNA는 유전 정보의 전달 과정에서 mRNA와 상보적으로 결합한다. 6-8개의 적은 뉴클레오타이드를 활용하여 그들의 표적을 인식한다. 하나의 miRNA는 수천 가지의 서로 다른 표적 mRNA를 조절하고, 하나의 표적은 다수의 miRNA에 의해 조절된다.

성숙한 마이크로RNA의 기원은 miRNA유전자로부터 만들어지기도 하고 이동성유전인자로부터도 만들어진다. 전체 miRNA의 20-30%는 이동성유전인자로부터 유래된다. 이동성유전인자 유래의 마이크로RNA는 인간, 원숭이, 생쥐 염색체의 전반에 걸쳐 골고루 존재하며, 이동성유전인자 유래의 마이크로RNA 차지하는 비율은 LINE-DNA트란스포존-SINE-LTR레트로포존 순서다(그림 42).

한편, 재미있는 사실은 인트론 유전자도 miRNA를 만들어 낸다. miR-140은 Wwp2유전자의 인트론으로부터 유래되었다. Wwp2유전자와 miR-140은 다양한 동물에서도 진화적으로 잘 보존되어 있다(그림 43). 이들 모두 세트로 작용하여 연골세포에서 많이 발현되는 것으로 알려졌다.

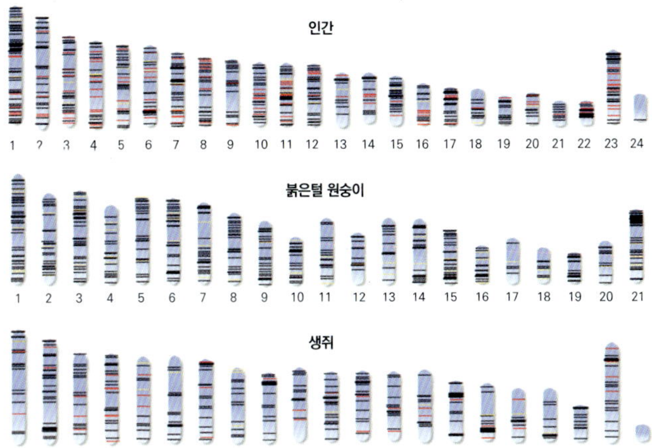

그림 42. 인간, 원숭이, 생쥐의 염색체에서 이동성유전인자 유래의 마이크로RNA 분포도

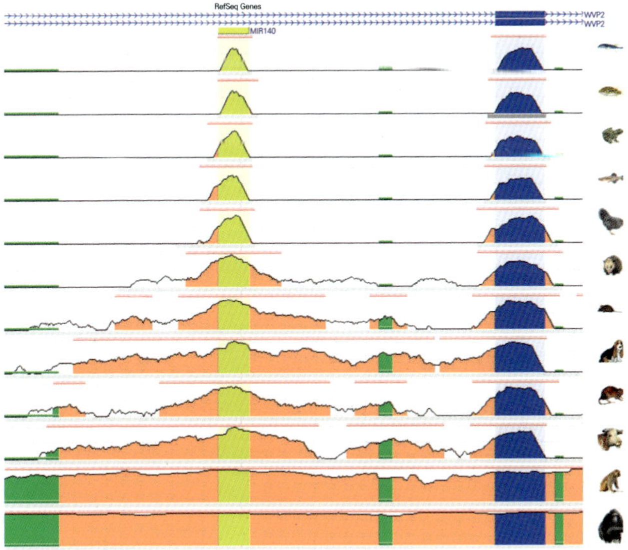

그림 43. 마이크로RNA miR-140과 Wwp2유전자와 상관관계 모식도. miR-140(Wwp2유전자의 인트론에 위치, 노랑색) 및 Wwp2 엑손유전자(파랑색) 모두 포유류-조류-양서류-어류에서 진화적으로 잘 보존되어 있다.

최근 마이크로RNA가 또 다른 인핸서RNA로서의 기능도 수행함이 밝혀졌다. 넙치 유전체에서 이동성유전인자 LTR이 기능유전자 Mkln1의 3' UTR의 일부를 만들어 내는데 기여하였다. 이들 LTR인자는 진화 과정에서 잘 보존되어 왔으며, miR-307을 탄생시켰다. 이동성유전인자 LTR유래의 마이크로RNA miR-307이 Mkln1유전자의 3' UTR의 seed영역에 자리 잡으면 특정 전사인자 결합을 유도하여 인핸서로서의 기능을 수행하게 된다(그림 44).

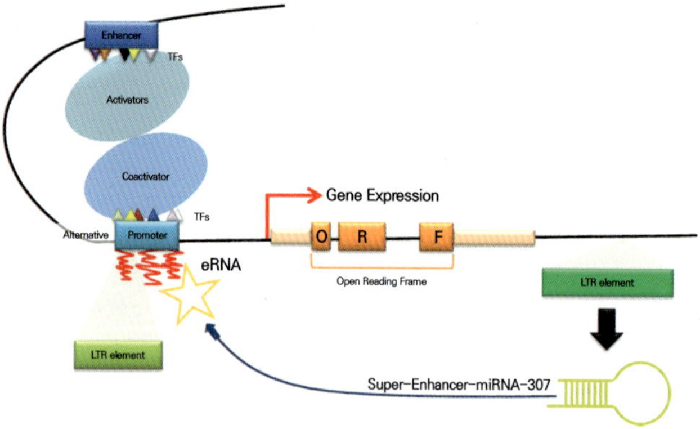

그림 44. MicroRNA-307의 생물학적 기능. 넙치 유전체에 있는 이동성유전인자 LTR유래의 마이크로RNA miR-307이 Mkln1유전자의 3'UTR의 seed영역에 자리 잡으면 특정 전사인자 결합을 유도하여 인핸서로서의 기능을 수행하게 된다.

학습 요약 정리 8

1. 마이크로RNA(microRNA, miRNA)는 다양한 생물개체의 유전자 발현을 조절하는 작은 RNA로서 20~25개의 뉴클레오타이드로 구성되어 있음

2. 마이크로RNA는 유전 정보의 전달 과정에서 mRNA와 상보적으로 결합하는데, 6~8개의 적은 뉴클레오타이드를 활용하여 그들의 표적을 인식 함

3. 하나의 miRNA는 수천 가지의 서로 다른 표적 mRNA를 조절하고, 하나의 표적은 다수의 miRNA에 의해 조절 됨

4. 세포 내 유전자 발현과정에서 중추적인 조절인자로 다양하고도 필수적인 기능을 수행 함

5. 성숙한 마이크로RNA의 기원은 miRNA유전자로부터 만들어지기도 하고 이동성유전인자로부터도 만들어짐

6. 전체 miRNA의 30%정도는 이동성유전인자로부터 유래되는데, 인간, 원숭이, 생쥐 염색체의 전반에 걸쳐 골고루 존재 함

7. 이동성유전인자 유래의 마이크로RNA 차지하는 비율은 LINE-DNA트란스포존-SINE-LTR레트로포존 순서임

8. 인트론 유전자도 miRNA를 생산 함. miR-140은 Wwp2유전자의 인트론으로부터 유래되었음. Wwp2 엑손유전자와 Wwp2 인트론 유래의 miR-140은 다양한 동물에서 진화적으로 잘 보존되어 있음

9. 이동성유전인자 LTR은 넙치 Mkln1 기능유전자의 3'UTR의 일부를 만들어 내는데 기여하였음. 그러한 LTR인자는 진화 과정에서 잘 보존되어 왔으며, 새로운 마이크로RNA miR-307을 탄생시켰음

10. 이동성유전인자 LTR유래의 마이크로RNA miR-307이 Mkln1유전자의 3'UTR의 seed영역에 자리 잡으면 특정 전사인자 결합을 유도하여 인핸서로서의 기능을 수행하게 됨

종합 요약 정리

이동성유전인자의 신비한 세계에 대한 다양한 이야기들을 종합적으로 요약정리하면 다음과 같다.

1. 이동성유전인자 및 반복서열은 인트론 영역에 쉽게 내재한다. 인트론이 있음으로 인하여, 선택적 스플라이싱이 가능하여 다양한 전사체를 만들어 낸다. 이들 전사체의 일부분은 다양한 질병 바이오마커로서 이용되기도 한다.

2. 이동성유전인자는 생물 유전체의 50%를 차지하며, 프로모터, 인핸서, 인슈레이터를 탄생시켜 기능 유전자의 발현 조절을 담당한다. 엑손유전자의 탄생, 소실 및 재조합 등의 다양한 돌연변이 현상을 유도 한다.

3. 이동성유전인자로 인하여 야기되는 질병은 남성불임, 대머리, 정신분열증, 다양한 종류의 암 등이다.

4. 이동성유전인자의 삽입 유무에 따라서 마우스 털 색깔 및 꼬리 구부러짐, 나방의 색깔, 특정 조직의 발현 양상, 약제 내성, 옥수수 낱알 색깔, 오렌지 및 포도 색깔의 변화를 초래한다.

5. 이동성유전인자의 내재와 함께 그들이 가지고 있는 조절인자 부위 메틸화 정도에 따라 인접해 있는 유전자에 영향을 미쳐 개체의 표현형이 달라지게 된다.

6. 전체 miRNA의 30%정도는 이동성유전인자로부터 유래되는데, 인간, 원숭이, 생쥐 염색체의 전반에 걸쳐 골고루 존재한다. 이동성유전인자 유래의 마이크로RNA 차지하는 비율은 LINE-DNA트란스포존-SINE-LTR레트로포존 순서이다.

7. 인트론 유전자도 miRNA를 생산한다. miR-140은 Wwp2유전자의 인트론으로부터 유래되었다. Wwp2 엑손유전자와 Wwp2 인트론 유래의 miR-140은 다양한 동물에서 진화적으로 잘 보존되어 있다. 마이크로RNA는 세포 내 유전자 발현과정에서 중추적인 조절인자로 다양하고도 필수적인 기능을 수행한다.

8. 넙치 유전체에서 이동성유전인자 LTR은 기능유전자 Mkln1의 3'UTR의 일부를 만들어 내는데 기여하였다. 이들 LTR인자는 진화 과정에서 잘 보존되어 왔으며, miR-307을 탄생시켰다. 이동성유전인자 LTR유래의 마이크로RNA miR-307이 Mkln1유전자의 3'UTR의 seed영역에 자리 잡으면 특정 전사인자 결합을 유도하여 인핸서로서의 기능을 수행하게 된다.

9. 이동성유전인자 및 반복서열의 생물학적 기능과 응용범위는 무궁무진함에 지속적인 연구가 필수적이다.

9

용어 정리

핵산(nucleic acid) : 핵에 다량으로 존재하는 산성물질이라는 뜻으로, DNA와 RNA 두가지 유형이 있다. 핵산 기본 단위는 뉴클레오티드인데 당-인산의 골격과 질소를 함유하는 염기로 구성되어 있다. 염기는 아데닌(A)이나 구아닌(G)처럼 이중 고리로 된 질소를 함유하는 퓨린과 티민(T), 시토신(C), 우라실(U)같은 단일 고리로 된 질소를 함유하는 피리미딘으로 구분된다. DNA의 유전자정보는 전사과정을 통해 RNA라는 핵산으로 전환된다.

유전자(gene) : 부모로부터 자식에게 전해지는 형질의 단위이다. 유전자는 DNA의 배열에 의해 구성된다. DNA는 인산-당-염기가 하나의 단위가 된다. 염기는 아데닌(A), 구아닌(G), 타이민(T), 사이토신(C)으로 구성된다.

유전체(genome) : 유전자(gene)와 염색체(chromosome)가 합쳐진 용어로 하나의 생명체를 형성하고 유지해 가면서 필요한 DNA정보의 총체를 말한다.

엑손(exon), 인트론(intron) : DNA가 mRNA전사과정을 거쳐 단백질을 만들어 내는데, 단백질을 구성하는 아미노산을 합성해 내는 엑손과 단백질을 만들지 않는 인트론으로 구분된다. 핵 내에서 전사된 mRNA는 스플라이싱(splicing)이라는 과정을 통해서 인트론이 제거되고, 엑손만이 세포질로 이동하여 리보솜에서 단백질을 합성하게 된다.

선택적 스플라이싱(alternative splicing) : 유전자의 전사 후에 엑손이 선택적으로 발탁되어 다양한 기능을 하는 단백질이 만들어질 수 있도록 하는 방법이다. 하나의 유전자는 평균 7-8개의 동형단백질(isoform)을 선택적 스플라이싱을 통해 만들어 낸다.

엑손 뒤섞기(exon shuffling) : 진화 과정에서 인트론이 존재함으로 인하여 유전자 재조합이 일어나 새로운 유전자가 탄생되는 분자 기작이다.

이동성유전인자(transposable element) : DNA의 여기저기에서 어떠한 염기서열과 상관관계 없이 스스로 이동할 수 있는 DNA서열을 이동성유전인자라고 한다. 즉, 유전체 내에서 특정 위치로부터 다른 곳으로 직접 이동하는 특징을 가진다. 인간의 유전체에는 HERV(8%), LINE(21%), SINE(13%), DNA transposon(3%)로 구성된다.

프로모터(promoter) : 유전자의 전사를 조절하는 DNA의 특정 부위(TATA 염기서열)를 말한다. 다양한 전사인자들이 프로모터에 결합하며, 인핸서(enhancer)와 상호 작용하여 전사가 이루어진다.

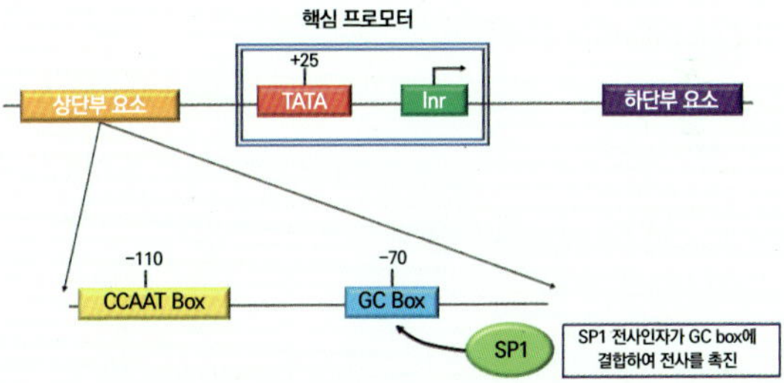

인핸서(enhancer) : 유전자의 전사가 더욱 활발하게 일어나도록 촉진하는 부분이나. 유전자에 따라 특이한 염기배열로 구성되어 있으며, 어떤 위치에 있더라도 그 기능을 발휘할 수 있다.

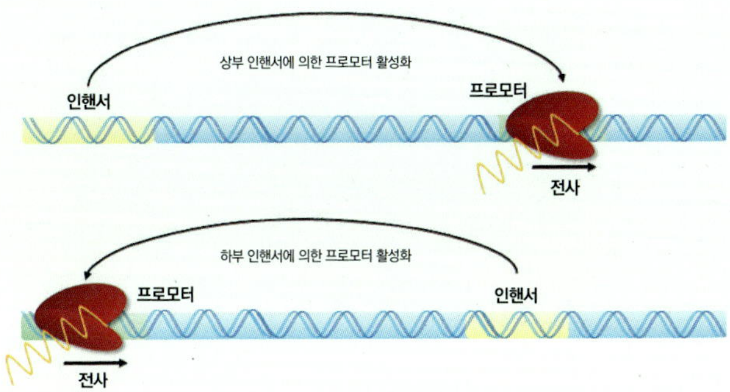

인슈레이터(insulator) : 유전자 간의 경계영역으로서 CCCTC염기서열로 구성된다. CCCTC-binding factor(CTCF)의 결합 유무는 시토신의 메틸화 현상에 의존한다. 즉, 유전자의 발현은 CCCTC염기서열의 시토신 메틸화 유무 및 CTCF 결합 유무에 따라 결정된다.

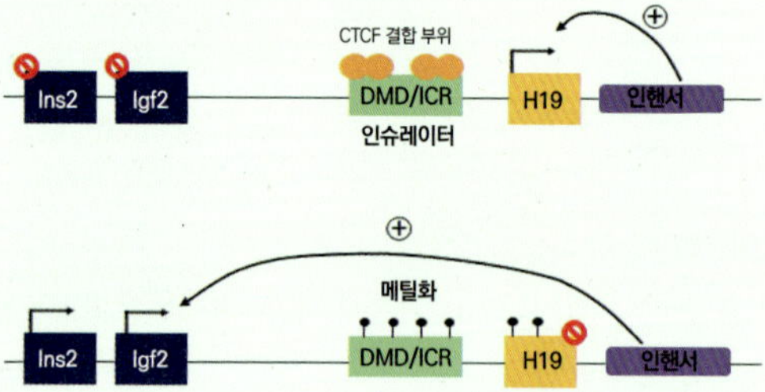

전사인자(transcription factor) : DNA의 특정부위에 결합하여 유전자의 발현을 촉진하거나 억제하는 단백질을 말한다. 전사인자는 핵에서 작용하며 항상 핵에 존재하는 단백질과 세포질에 존재하다가 활성화되어 핵으로 이동하여 작용하는 단백질이 있다. RNA중합효소 II(Pol II)에 의해 전사되는 모든 유전자의 전사활성에 관여하는 전사인자를 기본 전사인자(basal transcription factor)라고 하며, 특정 유전자의 전사에 관여하는 전사인자를 유전자-특이 전사인자(gene-specific transcription factor) 또는 특이 전사인자라고 한다. 특이 전사인자는 전사를 촉진하는 전사활성자(transcriptional activator)와 전사를 억제하는 전사억제자(transcriptional repressor)로 나눌 수 있다.

MicroRNA : 동물, 식물, 바이러스에서 유전자 발현을 제어하는 작은 RNA이다. DNA에서 mRNA로 전환되는 전사과정이 이루어진 후 mRNA의 활성을 저하시켜 결국 mRNA에서 아미노산으로 전환되는 번역 과정에 이르지 못하게 하고, 정상적인 단백질이 만들어지지 않아 유전자의 발현이 조절된다.

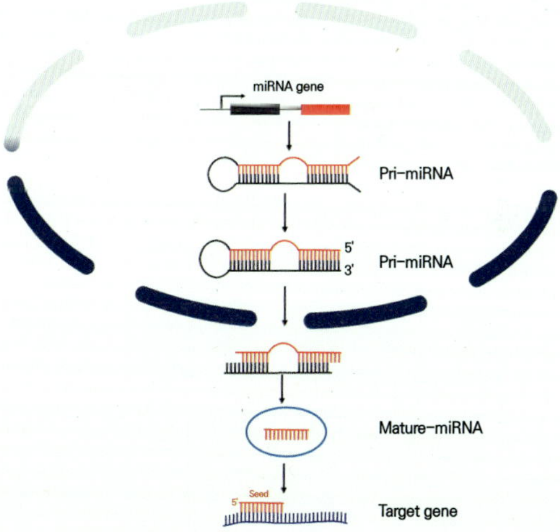

부산대학교 교양총서 시리즈

알짜배기 자연과학 1

이동성유전인자의 신비한 세계

초판 1쇄 인쇄 2019년 9월 20일
초판 1쇄 발행 2019년 9월 30일

저 자 김 희 수
디자인 배 영 미

펴낸이 전 호 환
펴낸곳 부산대학교 출판문화원
등록 - 제1983-000001호 1983. 11. 10.
주소 - 부산광역시 금정구 부산대학로 63번길2(장전동)
전화 - (051) 510-1932~3
전송 - (051) 512-7812

정가 8,000원

ISBN 978 - 89 - 7316 - 637 - 4 04400
SET 978 - 89 - 7316 - 636 - 7

「이 도서의 국립중앙도서관 출판예정도서목록(CIP)은 서지정보유통지원시스템 홈페이지(http://seoji.nl.go.kr)와 국가자료공동목록시스템(http://www.nl.go.kr/kolisnet)에서 이용하실 수 있습니다. (CIP제어번호: CIP2019037142)」